Monika Schaal
Ursula Daugschieß-Thumm

Problemhunde

im Training

59 Fotos

Ulmer

Inhalt

Probleme erkennen

Das Verhalten eines Hundes wird häufig dann als problematisch empfunden, wenn es nicht den Erwartungen oder der Norm entspricht, die der Alltag, der Besitzer oder die Übungsgruppe vorgeben. Die Definition von „problematisch“ fällt individuell recht unterschiedlich aus. Für den einen Hundebesitzer wird es schon schwierig, wenn sein Hund nicht blitzartig sitzt, sobald er ihm das Signal dazu gibt, ein anderer sieht erst dann Probleme, wenn der Hund völlig unkontrollierbar ist.

Die Schwierigkeiten, mit denen ein Hundetrainer konfrontiert wird, sind daher recht verschieden und reichen von den üblichen und normalen kleineren Problemen, die sich im Laufe der Hundeerziehung immer mal ergeben, bis hin zu gravierenden Verhaltensproblemen. Und jeder „Fall“ muss individuell gesehen werden. Manchmal reichen die kleinen Hilfestellungen aus, die in jedem Training gegeben werden.

Ein anderes Problem hingegen mag eine ausführliche Besprechung, einen individuellen Trainingsplan und längere Trainingsmaßnahmen benötigen. Wieder andere Schwierigkeiten erfordern besondere Trainingsbedingungen, ein Zurechtrücken der Erwartungen oder machen die Weiterleitung an einen Spezialisten nötig.

Ursachenforschung – sachkundig und neutral

Viele unterschiedliche Faktoren nehmen Einfluss auf das Hundeverhalten oder führen zur Entstehung eines Problems. So kann es für ein und dasselbe Problem verschiedene Ursachen geben. Beispiel: Mehrere Hunde im Kurs möchten nicht in die Platzposition. Beim einen stellt sich heraus, dass er Kreuzschmerzen hat, der andere mag sich nicht auf nassen Boden legen und der dritte hat einfach noch nicht verstanden, was sein Hundeführer von ihm will.

Deshalb ist es nötig, genau hinzuschauen und bisher Geschehenes zu hinterfragen, denn

Mehrere Gründe sind denkbar, warum der hellbraune Hund hier bei der Platzübung in der Gruppe aufsteht: zu wenig Abstand, zu lange Übungszeit, zu viel Ablenkung.

häufig wird man im Laufe des Trainings „betriebsblind“ oder hält manche Punkte für nicht so wichtig.
Sie brauchen dazu:

- Gute Kenntnisse über das Ausdrucks- und Lernverhalten von Hunden, damit Sie jeden Hund in den einzelnen Situationen richtig einschätzen können.
- Gute Beobachtungsgabe, um möglichst viele Details von Hund, Mensch und Übungsumfeld wahrzunehmen.
- Zeit, um wirklich alle Faktoren zu finden und sich nicht gleich beim ersten Anhaltspunkt festzulegen. Es können durchaus mehrere Faktoren eine Rolle spielen.
- Neutralität, um sich nicht von Vorangegangenem (z.B. ungeschicktem Hundeführer-Verhalten in verschiedenen Situationen) beeinflussen zu lassen, sondern erst einmal Fakten zu sammeln.

Normales Hundeverhalten oder ein Problem?

Oft wird ein Hund als schwierig eingestuft, weil er Verhaltensweisen zeigt, die für seine Rasse typisch sind, der Besitzer aber nicht damit umgehen kann oder sich die Eigenschaften in einer etwas schwächeren oder ausgeprägteren Form gewünscht hätte.

Hunde, deren ursprüngliches Aufgabengebiet im Bewachen und Verteidigen lag, werden sich auch in der Übungsgruppe vermutlich nicht von jedem Teilnehmer anfassen und streicheln lassen. Sie bewachen auch auf dem Übungsplatz „ihre“ Decke und das Gepäck ihres Besitzers und lassen andere nur ungern in die Nähe. Besitzer einer anderen Rasse kennen diese Probleme vielleicht nicht und stufen den Hund dann gleich als gefährlich oder unberechenbar ein.

Bei anderen Hunderassen wird auf Selbstständigkeit und Unabhängigkeit Wert gelegt, dies geht auf Kosten von Führigkeit und Menschenbezogenheit. Beim Training wirken diese Hunde oft uninteressiert oder werden als stur bezeichnet. Die Besitzer brauchen deutlich mehr Ausdauer und Konsequenz, bis ihr Hund sie überhaupt aufmerksam anschaut und sie irgendwann das gleiche Lernziel erreichen wie andere Hundebesitzer mit einem Hund, dem die Zusammenarbeit mit dem Menschen ein Bedürfnis ist.

Hunde mit raschem Auffassungs- und Reaktionsvermögen lernen in der Regel sehr schnell. Sie nehmen jedoch neben den Signalen ihres Hundeführers noch viele andere Reize um sie herum wahr und könnten darauf reagieren. Deshalb sollte der Hundeführer ebenfalls schnelle Reaktionen, ein gutes Timing und vorausschauendes Verhalten zeigen.

Die Standards der verschiedenen Hunderassen geben Hinweise darauf, welche Fähigkeiten dieser Hund mitbringt, welches Verhalten für ihn typisch ist oder was seine ursprüngliche Aufgabe und Beschäftigung war. Doch nicht jede Rassebeschreibung ist objektiv und manche Formulierungen lassen sich sehr unterschiedlich auslegen. Außerdem können sich Hunde der gleichen Rasse stark voneinander unterscheiden und Hunde desselben Wurfs entwickeln sich oft ganz verschieden.

Ein Hund kann sich nur verhalten wie ein Hund. Wir erwarten oftmals eine große Anpassungsfähigkeit an unsere eigene Lebensweise und an die menschlichen Vorstellungen, wie ein Hund zu sein hat. Ganz normale Reaktionen des Hundes werden zum unerwünschten Verhalten, weil wir gerade in dieser Situation eine andere Reaktion von ihm gewünscht oder erwartet hätten.

Hundeverhalten folgt zwar bestimmten Regeln, aber keinesfalls einem starren Muster. Mit welchem Verhalten der einzelne Hund auf eine bestimmte Situation reagiert, hängt unter anderem von seiner genetischen Disposition, den Lernerfahrungen, seinem momentanen körperlichem Zustand oder den räumlichen Möglichkeiten ab.

Beispiel: Wenn der Hund sich bedroht fühlt, sind verschiedene Reaktionen möglich:

- Beschwichtigungsgesten, Übersprungshandlungen oder Spielaufforderungen, um die Situation zu entschärfen und sein Gegenüber freundlich zu stimmen.
- Ausweichen, Weggehen, um eine größere Distanz zu der Bedrohung zu erreichen.
- Aggressives Verhalten zur Distanzvergrößerung, Gegenüber soll verjagt werden: Offensive Aggression findet sich bei eher selbstbewussten Hunden, defensive Aggression bei ängstlichen Hunden oder wenn beispielsweise die Möglichkeit zur Flucht fehlt.
- Erstarren („Einfrieren“) ist eine weitere Möglichkeit auf eine bedrohliche Situation zu reagieren.
- Es ist auch möglich, dass der gleiche Hund in unterschiedlichen Bedrohungssituationen verschieden reagiert. Vielleicht weicht er in der Regel aus oder zeigt Beschwichtigungsgesten. Bei einer Bedrohung durch fremde Personen aber, vor allem wenn Ausweichen und Weggehen nicht möglich sind, zeigt er Drohverhalten, weil er gelernt hat, dass dieses Verhalten in dieser speziellen Situation erfolgreicher ist und ihm die Bedrohung vom Leibe hält.

Jeder Hund bringt andere Voraussetzungen mit.

Jeder Hund bringt andere Voraussetzungen mit

Probleme entstehen häufig dann, wenn die Bedürfnisse und Fähigkeiten des einzelnen Hundes nicht beachtet werden oder erwartet wird, dass alle die gleiche Leistung bringen, sich im selben Lernumfeld wohlfühlen und mit denselben Methoden trainiert werden können. Die Individualität des einzelnen Hundes wird besonders oft unterschätzt, wenn Hunde der gleichen Rasse oder gleichen Alters gemeinsam in einer Gruppe trainieren. Der Trubel, der im Übungsumfeld herrscht und den Schäferhund A gar nicht stört, kann für Schäferhund B eine nicht zu meisternde Ablenkung bedeuten.

Der körperliche Zustand des Hundes: Verschiedene Erkrankungen können zu einer körperlichen Leistungsminderung führen oder die Lernfähigkeit deutlich beeinflussen. Beim Training müssen deshalb bereits bekannte Erkrankungen auf alle Fälle berücksichtigt werden, auch wenn diese derzeit als gut unter Kontrolle eingestuft werden.

Leider sind Krankheiten nicht immer bekannt oder auf den ersten Blick wahrnehmbar. Oft hat der Besitzer nur das „Gefühl“, dass mit seinem Hund etwas nicht in Ordnung ist. Aussagen wie „mein Hund hat sich verändert“ oder „er bewegt sich anders“ sollten auf alle Fälle ernst genommen und abgeklärt werden. Denn organische Störungen können auch eine Ursache für Verhaltensauffälligkeiten sein. Dies ist vor allem bei schmerzhaften Erkrankungen des Bewegungsapparates oder Störungen im Hormonhaushalt zu beobachten.

An eine organische Ursache sollte gedacht werden, wenn

- die Veränderung plötzlich auftritt und der Hund früher normales Verhalten gezeigt hat,
- der Hund auf bestimmte Berührungen ängstlich und/oder abwehrend reagiert,
- dem Hund bestimmte Bewegungsabläufe schwer fallen,
- das veränderte Verhalten bestehen bleibt, obwohl geeignete Trainingsmaßnahmen ergriffen wurden,
- das veränderte Verhalten in einen Zusammenhang gebracht werden kann, beispielsweise mit erhöhter Belastung, Fütterung, Witterung usw.

Der hormonelle Status wird beim Training häufig unterschätzt, kann jedoch sehr wohl einen großen Einfluss auf das Lernvermögen haben.

Hündinnen können durch den Hormoneinfluss (Östrogene) zu Beginn der Läufigkeit unruhiger oder erregbarer sein als zu anderen Zeiten. Dass während der Standhitze nicht in der Gruppe trainiert werden sollte, ergibt sich wohl automatisch. Während der mehr oder weniger ausgeprägten Scheinträchtigkeit können die Hündinnen durch den Einfluss des Progesterons unlustiger und uninteressierter sein.

Bei einem unkastrierten Rüden kann die Anwesenheit oder bereits der Geruch einer läufigen Hündin zu einer vermehrten Testosteronausschüttung führen. Dadurch steigt seine Erregung und die Konzentration auf die Trainingsaufgaben lässt erheblich nach. Er versucht Kontakt mit der Hündin aufzunehmen oder zeigt gleichgeschlechtlichen Artgenossen gegenüber eine erhöhte Bereitschaft aggressiv zu reagieren.

Auch Fehlfunktionen der Schilddrüse, meist eine Unterfunktion, können sich auf das Verhalten und die Lernfähigkeit eines Hundes auswirken. Vor allem bei schwankenden Leistungen des Hundes trotz günstiger Trainingsbedingungen ist daran zu denken.

Erfahrungen und Lernen: Ein sehr wichtiger Punkt sind hier die Lebensbedingungen des Hundes, das heißt in welchem Umfeld er aufgewachsen ist und wie er derzeit lebt.

Wenn ein Hund beispielsweise in einem sehr ruhigen Umfeld mit wenig Ablenkung lebt, werden ihn die unterschiedlichsten optischen und akustischen Reize einer fremden Umgebung vermutlich mehr verunsichern und ablenken, als einen Hund, der ein etwas

Bereits im Welpenalter werden die Weichen für ein problemloses Miteinander gestellt: Zerrspiele am Menschen sind von Anfang an nicht erlaubt.

lebhafteres Umfeld von Anfang an gewohnt ist.

Mangelnde oder unzureichende Sozialisation kann dafür verantwortlich sein, dass ein Hund in unbekannten Situationen nicht entspannt reagiert. Vielleicht kommt er problemlos mit ein paar vertrauten Menschen und Hunden aus – hatte aber kaum Gelegenheit zu lernen, dass Kinder kreischen und rennen oder manche Artgenossen aufgrund der verschiedenen rassebedingten Ausdrucksmöglichkeiten einen anderen „Dialekt" der Körpersprache sprechen.

Andere Hunde bekommen schlichtweg keine Möglichkeit, Erfahrungen zu sammeln, weil sie beispielsweise von einem übervorsichtigen Besitzer beschützt werden oder weil der Besitzer sich nur sicher fühlt, wenn er ständig seinen Hund kontrolliert und anleitet. Steht dann ein solcher Hund plötzlich allein vor einer Entscheidung über sein Verhalten, sind Fehlhandlungen vorprogrammiert.

Lernerfahrungen können ebenfalls die Ursache für Probleme sein. Das reicht von schlechten Erfahrungen bei verschiedenen Begegnungen bis zu: „Wir freuen uns immer wie wild, wenn wir einen Artgenossen sehen!". Auch Hunde, die gelernt haben, dass es keinerlei Auswirkungen hat, wenn sie auf Signale ihres Menschen nicht reagieren, lassen sich schlecht lenken.

Vor allem ein älterer Hund, der neu zu seinem Besitzer kommt, bringt eine Vorgeschichte mir, von der nicht immer alle Details bekannt sind. Kommt dann noch der Hund aus einem ganz anderen Lebensumfeld, können Schwierigkeiten vorprogrammiert sein.

Beispiel: Für einige Hunde, die in südlichen Ländern seit Generationen halbwild auf der Straße leben, ist eine gewisse Scheu vor Menschen oder bestimmten Situationen lebensnotwendig. Finden sie hier ein neues Zuhause, so sind sie oftmals nur begrenzt dazu in der Lage, den gewünschten Alltag zu bewerkstelligen oder ihren Menschen als hilfreichen Partner in kritischen Situationen anzusehen. Andere Hunde aus südlichen Ländern lebten zwar neben den Menschen her, haben jedoch nie gelernt, dass es sich wirklich lohnt, mit ihnen eine enge und vertrauensvolle Beziehung einzugehen, auf sie zu achten und mit ihnen zusammen Aufgaben zu bewältigen.

Es ist deshalb keinesfalls immer die Unfähigkeit des Besitzers oder die Trainingsmethode, wenn das Training mit einem solchen Hund nicht den gewünschten Erfolg zeigt oder sich die Lernfortschritte nur sehr langsam einstellen.

Frustrationstoleranz: Einige Hunde tun sich sehr schwer damit Frust auszuhalten. Vielleicht bringen sie von ihrer Veranlagung her keine so große Toleranz mit oder sie haben es nie gelernt, weil alle ihre Bedürfnisse fast sogleich befriedigt wurden.

Wenn es zu Hause beispielsweise häufig toleriert wird, dass der Hund sich nicht an Anweisungen hält oder es kaum Regeln gibt, wenn der Besitzer ständig (bewusst oder unbewusst) auf die Forderungen seines Hundes eingeht, so wird es für den Hund selbstverständlich, dass seine Bedürfnisse Vorrang haben. Er ist dann nur begrenzt daran gewöhnt Anweisungen zu folgen. Beim Training wird es schwierig, weil hier der Hund auf einmal Anweisungen sofort umsetzen soll oder seinen Bedürfnissen nicht so einfach nachgehen kann bzw. auch aktiv daran gehindert wird.

Mögliche Reaktionen des Hundes bei Frust:

- Akzeptieren der Situation.
- Unsicherheit, weil Gewohntes nicht mehr wie erwartet abläuft.
- Aufgeregtes hektisches Verhalten, weil er sein Ziel unbedingt erreichen möchte und nur darauf fokussiert ist.
- Aggressives Verhalten, weil er daran gehindert wird, seinen Zielen nachzugehen. Dabei kann sich die Aggression gegen denjenigen richten, der ihn davon abhalten möchte, oder gegen unbeteiligte Lebewesen oder Objekte (umgelenkte Aggression).

Das andere Ende der Leine

Ob man möchte oder nicht – das Verhalten und die Reaktionen des Hundebesitzers haben Einfluss auf das Hundeverhalten. Gibt es Probleme bei der Hundeerziehung, ist ein sachliches, unvoreingenommenes Hinterfragen des eigenen Verhaltens unbedingt nötig, auch wenn es nicht immer ganz einfach ist.

Viele Hundebesitzer informieren und bemühen sich wirklich sehr, sie besuchen die verschiedensten Erziehungskurse, analysieren, planen und hinterfragen ihr Verhalten. Jedes Trainingsdetail oder Signal, welches der Hund zeigt, wird analysiert und daraus entstehen dann Verunsicherung oder Fehlinterpretationen, sodass gesunder Menschenverstand und Bauchgefühl manchmal auf der Strecke bleiben.

Unterschiedliche Problembewertung: Das Verhalten des kleinen Hundes hätte bei einem 40 kg schweren Hund andere Auswirkungen und vermutlich würde der Hundehalter auch andere Konsequenzen ziehen.

Teilweise existieren eher unrealistische Vorstellungen darüber, was ein Hund zu einem bestimmten Zeitpunkt können müsste, was er tun oder unterlassen sollte. Durch zu hohe Erwartungen entsteht Unzufriedenheit und es wird eher mit zu viel Nachdruck trainiert um die Ziele zu erreichen. Lernwille, ein gesunder Ehrgeiz und Konzentration sind Voraussetzungen dafür, dass Trainingsziele auch erreicht werden können. Zu viel Ehrgeiz führt schnell zu Anspannung und verbissenem Üben. Die Folge? Erreichtes wird als nicht gut genug bewertet und Erfolgserlebnisse bleiben aus.

Im praktischen Training gelingt es manchem Besitzer nicht immer, passend auf ein Verhalten seines Hundes zu reagieren: Es wird gelobt, wo doch ignorieren oder korrigieren angesagt wäre oder gestraft, obwohl der Hund noch nicht sicher gelernt hat, was er tun soll. Eine gute Leistung des Hundes wird vor lauter Anspannung übersehen oder als selbstverständlich betrachtet.

Stimmungsübertragung: Der Hund nimmt Stimmungen seines Menschen wie Ärger, Anspannung, Aggression wahr und reagiert auf seine Art und Weise darauf. Oft wird dies zum Teufelskreis: Wenn der Hund sich nicht wie gewünscht verhält, wird der Hundeführer immer angespannter oder ungehaltener, was wiederum den Hund beeinflusst.

Selbst kleinste Veränderungen im Verhalten seines Menschen werden registriert, auch wenn der Hundeführer meint, sich nach außen hin gut unter Kontrolle zu haben.

Typische Beispiele: Der Hundebesitzer ist aufgeregt, weil er im Kurs etwas vorführen soll, unsicher und überfordert, weil eine Aufgabe nicht so gut gelingt, oder er gerät durch eine Gruppensituation oder das Verhalten des Ausbilders unter Druck und der Hund wird unkonzentriert.

Auch die Anspannung einer Prüfung oder Unsicherheit bei einer Hundebegegnung überträgt sich auf den Hund. Dieser ist plötzlich ebenfalls aufgeregt, angespannt, verunsichert oder verweigert die Mitarbeit, weil er das veränderte Verhalten seines Besitzers nicht einordnen und nicht damit umgehen kann.

Das häusliche Umfeld, der Tagesablauf oder bestimmte Gewohnheiten können mit dafür verantwortlich sein, dass es beim Training schwierig wird.

Ein Hund, bei dem den ganzen Tag über zu Hause Trubel herrscht oder der mit seinem Besitzer eine mehrstündige Wanderung hinter sich hat, ist müde und macht viele Übungen nur lustlos mit.

Wenn ein bewegungshungriger Hund stundenlang gewartet hat, bis sein Besitzer nach Hause kommt, nutzt er die Trainingsstunde zunächst einmal dazu, herumzutollen und an der Leine Unsinn zu machen.

Versuchen mehrere Familienmitglieder gleichzeitig, einen Hund zu erziehen und sind sich eventuell nicht einig über Ziele und Methoden, weiß der Hund zuletzt nicht mehr, was er tun und lassen soll.

Auch zu viel Aufmerksamkeit ist ein Problem: Wird der Hund den ganzen Tag über ständig beachtet und für Kleinigkeiten belohnt, haben Belohnungen keine besondere Bedeutung mehr für ihn. Der Hund gewöhnt sich daran, dass sich der Besitzer anstrengt und ihn beachtet, auch ohne dass er etwas Besonderes getan hat.

Die Trainingsbedingungen

Wenn vom Hund erwartet wird, dass er problemlos lernt, so muss man sich zunächst Gedanken darüber machen, welche Bedingungen er dazu benötigt.

Ein wichtiger Faktor ist die Lernumgebung. Wie der einzelne Hund diese wahrnimmt, wovon er sich ablenken lässt, was ihn verunsichert oder aufregt, kann ganz unterschiedlich sein. Auch können wir Menschen dies nicht immer nachvollziehen, denn oftmals sind für den Hund ganz andere Reize von Bedeutung als für uns. Das Lernumfeld kann nicht nur den Hund aus dem Konzept bringen, sondern auch dafür verantwortlich sein, dass sich der Hundebesitzer nicht wohl fühlt oder irritiert ist.

Anhaltspunkte für eine passende Lernumgebung: Der Hund nimmt die unterschiedlichen Reize wahr, interessiert sich auch dafür – schafft es aber trotzdem noch, sich auf seinen Besitzer und die geforderte Aufgabe zu konzentrieren.

Die passende Lernumgebung für diesen Hund: Er kann sich trotz Ablenkung auf die Anweisungen seines Hundeführers konzentrieren.

Zum Lernumfeld gehören:

- Akustische Eindrücke (Umweltgeräusche, laute Teilnehmer, andere Hunde, uvm.)
- Optische Eindrücke (andere Menschen, Hunde, Fahrzeuge, Blätter im Wind, schnelle Bewegungen)
- Geruchliche Eindrücke (läufige Hündinnen, Markierungen von Artgenossen, Wildwitterung oder auch die weggeworfene Pommes-frites-Tüte am Wegesrand)
- Verhalten und Handlungen von anderen Kursteilnehmern (Sie rascheln mit der Futtertüte, motivieren oder „disziplinieren" den eigenen Hund ohne zu bedenken, dass dies für andere eine Wirkung hat.)
- Witterung (Regen, Windgeräusche, Donner, sehr hohe oder niedrige Temperaturen)
- Geländebeschaffenheit (nasser oder rutschiger Boden, hohes Gras, Dornen usw.)

Lerninhalte. Oftmals belegen Hundebesitzer in bester Absicht einen Ausbildungs- oder Beschäftigungskurs und erwarten, dass ihre Hunde diesen lernfreudig mitmachen. Es ist doch nötig, dass der Hund erzogen und ihm Beschäftigung geboten wird, schließlich gibt es heutzutage so viele Angebote, da muss man doch mitmachen. Aber je mehr Möglichkeiten es gibt, umso überlegter muss man auswählen. Wenn ein Hund Dinge erlernen soll, die seinen Anlagen und Fähigkeiten nicht entsprechen, tut er sich schwer damit. Wenn ein Hund mit zu vielen Angeboten überschüttet wird, überfordert ihn dies. Nicht der Hund ist in diesem Fall schwierig, sondern die Menschen, die unrealistische Leistungen von ihm erwarten.

Sinnvoll ist es zu überlegen, welche Trainingsziele für das Team im Alltag tatsächlich erforderlich sind und was darüber hinaus die „Kür" wäre.

Beispiel: Einem Border Collie kann man in der Regel (passende Techniken vorausgesetzt) Übungen wie Positionswechsel, Herkommen, Fußgehen mit Blickkontakt, Springen über Hindernisse usw. gut beibringen und Hund und Mensch haben schnell Freude an dieser

Welches Training braucht dieses Team?

gemeinsamen Arbeit. Bei einem Berner Sennhund ist dies alles zwar nicht unmöglich, erfordert jedoch einen wesentlich höheren Aufwand. Außerdem fallen diesem Hund schon allein aufgrund seiner Größe und seines Körperbaus Aufgaben wie schnelle Richtungs- oder Positionswechsel oder Fußgehen mit ständigem Blickkontakt oftmals schwer.

Die Zeit und Energie sollte man bei diesem Hund zunächst dazu verwenden, ein Mitgehen an lockerer Leine und einen sicheren Rückruf auch bei Ablenkung zu erreichen, damit das Team im Alltag gut zurecht kommt. Erst danach, wenn noch Kapazität und Begeisterung da ist, ist Raum für die „Küraufgaben".

Auf Überforderung durch bestimmte Aufgaben, Methoden, ein unpassendes Lernumfeld, zu große Gruppen, lange Trainingsdauer usw. reagieren manche Hunde sofort, andere können dies kurzzeitig kompensieren. Wenn die

Reaktion „schleichend“ erfolgt, ist ein Zusammenhang zur Überforderung nicht immer auf den ersten Blick erkennbar. Oftmals bleiben zunächst einfach die Lernfortschritte aus. Manche Hunde verweigern auch mehr oder weniger die Mitarbeit und wirken dann stur oder uninteressiert. Andere Hunde reagieren mit Hektik und Unruhe, zeigen Stresssignale, Beschwichtigungsgesten oder eine erhöhte Aggressionsbereitschaft.

Stress – (k)eine Erklärung für alles

Stress gab es schon immer und kann aus entwicklungsgeschichtlicher Sicht als überlebenswichtige Reaktion auf Reize angesehen werden, um bestimmte Anforderungen zu meistern.

Damit der Organismus auf Schreck oder starke Anspannung angemessen reagieren kann (Angriff, Flucht, Verteidigung), wird im Körper viel Energie bereitgestellt. In diesen Situationen sind Stress und die damit verbundenen körperlichen Veränderungen sehr sinnvoll – zumal es ja auch eine körperliche Abarbeitung der Anspannung gibt (rennen, kämpfen usw.). Auf Stress reagiert der Körper meist mit Erschöpfung und benötigt danach eine längere Erholungspause. Lang anhaltender, chronischer Stress wird zu einer Belastung und kann zu Erkrankungen führen.

Heutzutage ist Stress zum Schlagwort geworden und vieles wird mit Stress erklärt. Meist ist damit eine bestimmte körperliche oder auch mentale Belastung gemeint. Eine körperliche Stressreaktion kann jedoch durch positive (Eustress) und negative (Distress) Einwirkungen/Reize ausgelöst werden.

Wie schnell ein Hund „gestresst“ ist und welche Faktoren eine Rolle spielen, ist sehr unterschiedlich und wird auch von der erblichen Veranlagung und gemachten Erfahrungen bestimmt.

Stress erkennen

Wenn der Körper akut in Stress gerät, werden verschiedene Hormone ausgeschüttet, die Einfluss auf zahlreiche Körperfunktionen nehmen. Alles, was für die „flight-and-fight“-Reaktion nicht benötigt wird, wird blockiert. Das erklärt auch, warum diese Hunde oft nicht einmal mehr für Leckerchen ansprechbar sind – Nahrungsaufnahme wird jetzt nicht unbedingt gebraucht und ist blockiert.

Mögliche Körpersignale bei Stress:

- Hecheln, Zittern, Speicheln, Gebiss klappern, über die Nase lecken, Backen blasen, Erektion, Stressgesicht, häufiges Koten und Urinieren, Schuppenbildung, Haarausfall
- erweiterte Pupillen, erhöhter Blutdruck
- Beschwichtigungs- und Deeskalationssignale sind ebenfalls Körpersignale bei Stress und werden dann gezeigt, wenn der Hund sich noch aktiv mit der Situation auseinandersetzen kann:
  Züngeln, Kopf und Blick abwenden, Körper abwenden, Hinsetzen, Hinlegen, Gähnen, Zwinkern, Schnüffeln, Kratzen, Spielaufforderung etc.

Einige Verhaltensweisen treten auch auf, wenn der Hund nicht gestresst ist, z.B. Hecheln, am Boden schnüffeln, Hinsetzen usw. Deshalb ist es wichtig, das Verhalten im Zusammenhang zu sehen und insbesondere auch die Häufigkeit der gezeigten Signale zu beobachten. Zeigt ein Hund beispielsweise beim Training sehr häufig Deeskalationssignale, ist dies ein deutliches Zeichen, dass er ständig unter Stress steht.

Stress und Lernen

Für das Lernen ist ein gewisser positiver Erregungslevel durchaus erforderlich, der Hund soll sozusagen „freudig und erwartungsvoll“ gestimmt sein. Ein bestimmtes Maß darf dabei jedoch nicht überschritten werden. Bei zu hoher Stressintensität, egal ob nun positiv oder negativ, können Aufnahmefähigkeit und Lernvermögen erheblich eingeschränkt oder Lernen sogar unmöglich sein.

Ein weiterer Faktor, der gegen zu viel Stress bei einer Trainingssituation spricht, ist, dass der Hund eine Verknüpfung zwischen für ihn Stress auslösenden Reizen und der Lernsituation herstellen kann. Wenn dann der Hund zu einem späteren Zeitpunkt einen solchen, vormals mit Stress verknüpften Reiz wahr nimmt, kann dies „alte Erinnerungen" wach rufen, der Körper des Hundes reagiert darauf und der Hund zeigt eine Stressreaktion.

Mögliche Stressoren während des Trainings
In der Kurssituation denkt man häufig nur an ablenkende Reize durch das Lernumfeld. Oft sind jedoch auch noch andere Punkte von Bedeutung:

- übermäßige positive Erregung durch Loben, Spielen, Futter
- Freude, Begeisterung über Anwesenheit von bestimmten Personen oder Artgenossen, die der Hund besonders mag
- Frust, weil er während der Übungen, nicht zu diesen Personen oder Hunden darf
- Überforderung durch unpassende Trainingsmethoden oder Lernziele, zu lange Trainingsdauer, zu große Gruppen
- ungenaue Korrekturen, zu viele Manipulationen am Hund, verschiedene Anweisungen und Signale gleichzeitig, die dann vielleicht gar nicht zusammenpassen
- für den Hund nicht einzuordnendes Verhalten des Hundeführers, der sich beispielsweise in der Kurssituation anders verhält als zu Hause oder auf dem Spaziergang
- Bedrohung durch einen Artgenossen, das Verhalten eines anderen Kursteilnehmers, die Körperhaltung des Besitzers
- räumlich beengte Situationen, die Individualdistanz des Hundes ist unterschritten, dem Hund ist eine Distanzvergrößerung nicht möglich
- sexuelle Erregung

Tritt der Stress nur im Kurs auf? Dann muss irgendetwas an der Kurssituation der Auslöser sein. Kommt der Hund bereits mit Stressanzeichen zum Kurs? Dann muss auch an Stressoren außerhalb gedacht werden.

Stressoren während des Trainings: Jede Menge Ablenkung – ob sich da der Hundeführer noch auf die Erklärungen des Ausbilders konzentrieren kann?

Erfolg durch kompetente Beratung

Jedes Mensch-Hunde-Team ist in seiner Kombination einmalig. Es gibt kein Patentrezept zur Lösung eines Problems, sondern nur einen individuellen Lösungsweg.

Bei jedem Kurs müssen Sie sich als Übungsleiter wieder auf neue Menschen, Hunde und Probleme einstellen, müssen manchmal trösten und ermutigen und in manchen Fällen auch das Problembewusstsein erst wecken. Aber jeder Hundebesitzer erwartet, dass er und seine Schwierigkeiten ernst genommen werden und er eine auf ihn und seinen Hund abgestimmte Anleitung und Hilfestellung erhält.

Problematische Teams können in einer Kursstunde nicht immer ausreichend betreut werden. Bei einem gesonderten Termin kann das Problem in Ruhe besprochen und das weitere Vorgehen festgelegt werden. Diese Einzelberatung erscheint manchen Teilnehmern und Ausbildern zunächst übertrieben, unnötig und zu zeitaufwendig. Außerdem verlangt sie vom Übungsleiter neben viel Engagement auch fachliches Wissen, pädagogische Fähigkeiten und Einfühlungsvermögen. Die Mühe lohnt sich dennoch: Es ist besser, sich einmal ungestört und ausführlich mit dem Team und seinen Problemen zu beschäftigen, als immer wieder im „ungünstigsten Augenblick" einer Kurssituation damit konfrontiert zu werden und dann nur Teillösungen anzubieten.

Probleme sieht man einem Hund nicht an der Schnauzenspitze an.

Richtig nachfragen

Eine Ihrer ersten Aufgaben ist es, sich umfassend zu informieren. Dies ist keine Neugier, sondern hilft Hund und Besitzer besser einzuschätzen. Dabei sollten Sie den Besitzer nicht gleich nach dem ersten Satz mit Ratschlägen zudecken, sondern erst einmal zuhören und dann gezielt nachfragen.

Oftmals werden dem Hundebesitzer erst durch dieses gelenkte und strukturierte Gespräch verschiedene Punkte klar, er erkennt Zusammenhänge, an die er bisher nicht gedacht hat oder es kommen Details zur Sprache, die seither für ihn keine Rolle gespielt haben.

Bestandsaufnahme – ein erster Überblick

Manche Besitzer berichten strukturiert und detailliert, andere erzählen etwas durcheinander. Hier ist es gut, wenn Sie wissen, welche Infos Sie brauchen, um sich ein Bild zu machen und Lösungswege zu finden.

Eine möglichst exakte Problembeschreibung

- Was genau tut der Hund, was tut er nicht?
- Welches Ausdrucksverhalten zeigt der Hund dabei?
- Wann und in welchen Situationen passiert dies?
- Welche Faktoren spielen eine Rolle: Umfeld, Tageszeit, Wetter, Fütterung, Besitzerverhalten, Anwesenheit von anderen oder bestimmten Personen oder Hunden usw.

Ist das Problem nur die Spitze des Eisbergs?
Häufig sieht der Hundebesitzer nur sein dringlichstes Problem. Das ist verständlich, hat er doch damit vorrangig zu kämpfen. Dieses Problem lässt sich aber oft nur beheben, wenn vorher oder zusätzlich noch andere Dinge geändert werden. Deshalb sollte der Übungsleiter behutsam, aber gezielt nachfragen, ob bzw. welche weiteren Probleme vorhanden sind, die der Hundeführer vielleicht in seinem Alltag nicht mehr wahrnimmt oder sie schon für normal hält.

Wie sieht es z.B. mit dem Grundgehorsam aus? Befolgt der Hund die Signale des Hundeführers zuverlässig in unterschiedlichen Situationen, auch wenn eine interessante Ablenkung besteht oder nur, wenn nichts Spannendes passiert?

Manche Hundeführer haben sich an die Unzuverlässigkeit ihres Hundes gewöhnt und nehmen sie als gegeben hin oder sie bemerken nicht, dass ihr Hund in bestimmten Situationen ihre Anweisungen nicht befolgt.

Beispiel: Der Hundebesitzer schickt seinen Hund zu Hause mit dem Befehl „Geh Decke" auf einen Liegeplatz, achtet aber nicht weiter auf den Hund und irgendwann bemerkt er, dass sich der Hund zwar hingelegt hat, aber nicht auf den Liegeplatz, sondern direkt unter den Esstisch. Der Besitzer ist trotzdem zufrieden, weil der Hund ja Ruhe gibt und unter dem Tisch nicht weiter stört.

Was hat der Hund bisher erlernt? Auch hier gilt: Nachfragen ohne zu werten. Konnte der Hund das erwünschte Verhalten überhaupt erlernen oder erwartet es der Besitzer einfach so?

Beispiel: Der Besitzer erwartet, dass der Hund Besucher nicht anspringt, sondern sich in einer Ecke ins Platz legt, aber er bekam dafür nie ein Signal, keine Anleitung und nicht genügend Übungsmöglichkeiten.

Gibt es nicht bemerkte oder nicht beabsichtigte Lernverknüpfungen?
Beispiel: Ein Hund bellt unerwünscht, wenn es an der Tür läutet. Es könnte sein, dass sich der Hund das bei seinen im Haus lebenden Artgenossen (einer bellfreudigen Rasse angehörend) abgeschaut hat oder dass das Verhalten durch das aufgeregte und hektische Verhalten des Besitzers entstanden ist.

Beim Überprüfen des Besitzerverhaltens hilft oft der neutrale Blick von außen: Es sind manchmal kleine Details, die dem Besitzer

Wie zuverlässig ist der Gehorsam des Hundes in solchen Situationen?

selbst nicht mehr auffallen, für den Hund jedoch können sie der auslösende Reiz für eine bestimmte Reaktion sein. Beispiel: Der Griff ans Halsband oder ein Nachfassen der Leine, eine bestimmte Handbewegung oder Körperhaltung. Manchmal genügt sogar ein „tiefer Atemzug" oder ein bestimmtes Wort.

Das Lernziel

Ausschlaggebend sind die Bedürfnisse des Hundeführers und die Überlegung, was das Team zum jetzigen Zeitpunkt braucht, um im Alltag miteinander zurecht zu kommen. Mancher Übungsleiter orientiert sich beispielsweise sehr an einer Prüfungsordnung und würde am liebsten an den kleinen und feinen Details eines perfekten Fuß oder Platz feilen. Der Hundeführer hat aber vielleicht den Wunsch endlich mal wieder stressfrei mit seinem Hund spazieren zu gehen, die ganz perfekte Leinenführigkeit ist ihm dabei eher gleichgültig.

Perfektes „Fuß" ist klasse – manchmal müssen jedoch zunächst andere Punkte in Angriff genommen werden.

Die Inhalte der Kursstunden – so gut sie auch sein mögen – müssen daher eventuell zunächst hinten angestellt werden

Was soll sich verändern? Formulierungen wie „Der Hund soll nicht mehr so an der Leine ziehen; nicht so hektisch sein, freundlicher reagieren usw." zeigen zwar den Wunsch des Besitzers nach Veränderung, sind aber nicht wirklich hilfreich und lassen viel Spielraum für Interpretationen. Was bedeutet „weniger hektisch", was ist mit „freundlicher" gemeint? Wenn der Mensch nicht genau weiß, wie eine Aktion aussehen soll, wie soll es dann dem Hund vermittelt werden?

Sie müssen mit dem Hundeführer zusammen erarbeiten, was der Hund genau statt des unerwünschten Verhaltens tun soll. Nur wenn dies dem Hundeführer wirklich bewusst ist, können die erforderlichen Trainingsschritte festgelegt und der Hund passend belohnt oder korrigiert werden. Hier ein Beispiel für eine hilfreiche Formulierung: „Bello soll beim Anblick eines anderen Hundes an lockerer Leine neben mir gehen und statt des anderen Hundes mich anschauen."

Ist das Ziel erreichbar? Sie sollten eine realistische Einschätzung abgeben können, ob und mit welchem Aufwand das gewünschte Ziel erreicht werden kann. Gegebenenfalls müssen Sie den Hundeführer davon überzeugen, nicht an unerfüllbaren Zielen festzuhalten und andere eher erreichbare Trainingsziele anzustreben, die dann auch von Erfolg gekrönt sind.

Wenn die erwünschten Ziele des Hundeführer so gar nicht mit den Möglichkeiten des Hundes vereinbar sind, sollte dies auf alle Fälle angesprochen und über Alternativen nachgedacht werden. Dies kann in letzter Konsequenz auch bedeuten, den Hund zu einem anderen Besitzer zu geben, der mit den Fähigkeiten und Grenzen des Hundes besser umgehen kann.

Verhalten verändern

Probleme werden nicht durch spektakuläre Maßnahmen gelöst, sondern durch mühevolle Kleinarbeit und solides Handwerk.

Erst lernt der Mensch und dann der Hund

Besitzer von Problemhunden sind in Kurssituationen oft so im Stress, dass sie Anweisungen und Hinweise des Übungsleiters kaum oder unvollständig wahrnehmen. Deshalb sollte die Arbeit mit dem Hundebesitzer beim Einzeltermin berücksichtigt werden. Der Hundeführer benötigt ein Coaching, um motiviert und erfolgreich mit seinem Hund zu arbeiten.

Wie lernt der Hundebesitzer? Der Hundebesitzer benötigt ruhige sachliche Erklärungen, er muss nachvollziehen können, warum er etwas tun und vor allem, wie er es machen soll.

Hilfreich ist, wenn Sie herausfinden können, wie der Hundebesitzer lernt. Braucht er viele Erklärungen, muss er etwas nachlesen oder aufschreiben? Kann er sich mehrere Anweisungen merken oder sollte jeweils nur ein Punkt besprochen werden? Lernt er durch Zuschauen oder eigenes Ausprobieren? In welchem Lernumfeld fühlt er sich wohl? Ist es ihm unangenehm, wenn er sich beim Üben von den umstehenden Personen beobachtet fühlt, möchte er die Anregungen eher unbeobachtet als Hausaufgabe ausprobieren?

> Wichtiges Lernziel für Hundebesitzer und Übungsleiter: Gelassenheit, Geduld und Selbstbeherrschung. Nur dann kann man als Übungsleiter zum gelassenen Vorbild für den Hundeführer und als Hundeführer zum guten Ausbilder für seinen Hund werden. Geduldig zu sein und auch in schwierigen Übungssituationen souverän zu handeln, kann und muss man üben.

Vielen Hundebesitzern hilft ein mentales Training. Das bedeutet:

- Der Hundeführer überlegt, welche Signale er verwendet und was genau der Hund auf ein bestimmtes Signal hin tun soll.
- Er stellt sich vor, wie sich sein Hund in verschiedenen Alltags- oder Trainingssituationen jeweils verhalten könnte. Der Vorteil ist, dass er im Falle eines Falles nicht mehr von den Handlungen seines Hundes überrascht wird.
- Er kann sich einen Plan machen, wie er passend reagieren und seinen Hund zeitnah loben oder korrigieren kann.

Bereiten Sie den Hundeführer auch möglichst schon im Vorfeld darauf vor, dass ihm bei aller Gewissenhaftigkeit doch immer mal wieder ein Fehler unterlaufen kann und nicht alles auf Anhieb gelingt. Überlegen Sie gemeinsam, wie der Besitzer in einer solchen „Akut-Situation" reagieren sollte: z.B. trotz Stress gelassen bleiben und überlegt handeln, klare Anweisungen an den Hund und keine Diskussionen (weder mit dem Hund noch mit beteiligten Personen). Auf keinen Fall: hilflos werden, gar nichts tun und so dem Hund die Führung überlassen.

Anschließend gilt es jedoch darüber nachzudenken, wie es zu dieser Situation kommen konnte, welche Faktoren eine Rolle gespielt haben und wie die Beteiligten diese Situation hätten verhindern oder besser meistern können.

Ist ein anderes Management erforderlich? Vielleicht müssen Sie mit dem Hundebesitzer zunächst ganz praktische Fertigkeiten üben. Er sollte beispielsweise reaktionsschneller werden, bewusster mit Stimme und Körperhaltung agieren oder benötigt eine Anleitung, um aufmerksamer und vorausschauender den Hund und die Situation zu beobachten. In der Regel muss auch der Umgang mit dem Hund verändert werden (ruhiger, klarer, konsequenter, weniger ruppig usw.) oder der Hund braucht mehr bzw. eine andere Form der Beschäftigung, mehr Ruhe, andere Spazierwege usw.

Auch wenn dem Hundeführer diese Maßnahmen logisch erscheinen, muss die Durchführung trotzdem oftmals vorab in einer Art Trockentraining geübt oder mit der Familie oder anderen Gassigehern durchgesprochen werden.

Hundeverhalten erkennen. Nur selten kommen die Reaktionen des Hundes „aus heiterem Himmel“, meist kündigt sich das Verhalten an, aber die kleinen Vorzeichen werden leicht übersehen.

Für eine erfolgreiche Ausbildung ist es wichtig, dass der Besitzer das Ausdrucksverhalten seines Hundes wahrnehmen und richtig interpretieren kann. Außerdem sollte er erkennen, wie die jeweilige Umweltsituation auf seinen Hund wirkt und wie dieser vermutlich darauf reagieren wird.

Einiges Grundwissen dazu kann der Hundebesitzer sich sicher aus Büchern erarbeiten, aber praktische Hinweise und Anleitungen erleichtern ihm das Verständnis:

- Auf welche Anzeichen muss man achten (verschiedene Ausdrucksmöglichkeiten wie Körpersprache, Bewegung, usw.)?
- Welche Bedeutung haben die einzelnen Körpersignale und wie kann man aus der Summe dieser Einzelsignale die Grundstimmung seines Hundes erkennen?
- Hinweise, in welchen Situationen das Verhalten vermutlich auftreten wird (z.B. zu wenig Abstand, zu viel Ablenkung usw.).

Stolperfallen beim Lernen

Die Basics des Lernverhaltens sind jedem Übungsleiter vertraut und auch die Hundebesitzer wissen darüber meist recht gut Bescheid. Gerade weil es so vertraut ist, manchmal sogar nach einem bestimmten Schema abläuft, werden in diesem Bereich oft Details übersehen. Manche Hunde lernen trotzdem problemlos, für andere spielen diese Punkte durchaus eine Rolle. Die Folge ist, dass sie nicht in gewünschtem Maße lernen und deshalb vielleicht als schwierig wahrgenommen werden.

Sind die Signale eindeutig und klar? Viele Hundeführer reden ständig auf ihren Hund ein und geben, vor allem dann, wenn sich der Hund nicht entsprechend den Anweisungen verhält, zu viele unterschiedlichste Signale. Für den Hund sind diese vielen Anweisungen eher verwirrend oder er lernt sie gar nicht zu beachten. Auch Kleinigkeiten wie die eigene Kleidung

Stolperfallen beim Lernen: Klirrende Armreifen oder ständiges Anfassen beeinträchtigen die Konzentration ebenso wie eine vor der Hundenase baumelnde Leine und klappernde Anhänger am Hundehalsband.

Körperhaltung: Für uns Menschen oft nebensächlich, schwer zu kontrollieren und unbewusst – für den Hund jedoch von großer Bedeutung.

oder Ausrüstung sollten auf Störfaktoren überprüft werden: Wehende Jackenzipfel, baumelnde Leinenenden, klirrende Anhänger am Halsband, ständig knisternde Futtertüten usw. irritieren nicht nur einen leicht ablenkbaren oder unsicheren Hund.

Gibt es unbeabsichtigte Signale? Die meisten Hundeführer geben ihren Hunden ein akustisches Signal, gleichzeitig werden jedoch eventuell unbewusst eine ganze Reihe von Körperbewegungen ausgeführt: Eine bestimme Körperhaltung, Handbewegungen, langsamer oder schneller werden, ein Ruck an der Leine usw. Alle diese Reize können für den Hund ebenfalls mit zum Signal werden und er reagiert nicht mehr wie gewünscht, wenn eines davon plötzlich fehlt. Beim Training müssen also die zusätzlichen Signale erkannt und entweder bewusst beibehalten oder Zug um Zug wieder abgebaut werden.

Stimmen die Lernschritte? Häufig überfordern wir die Hunde, obwohl wir ein genau definiertes Lernziel und die passende Trainingstechnik gewählt haben. Beim kritischen Hinterfragen stellt man fest, dass man zu schnell vorgegangen ist und eine Aufgabe in sehr viel mehr kleine Lernschritte aufgeteilt werden muss, als zuvor gedacht.

Einfluss der Körpersprache: Vielen Hundeführern ist nicht bewusst, wie ihre Körperhaltung und Gestik auf den Hund wirken und dass sie ihm oftmals durch ihre Körpersprache eine völlig andere Botschaft senden, als mit den bewusst gegebenen akustischen Signalen. Wenn eine Übung nicht gelingt, sollte man immer auch „sprachliche" Missverständnisse in Betracht ziehen.
Beispiele:

- Welche Haltung wirkt bedrohlich, obwohl der Hundeführer dies überhaupt nicht beabsichtigt (z.B. beim Heranrufen des Hundes oder wenn man ihm etwas wegnehmen möchte usw.)?
- Wann wirkt die Körpersprache unsicher und zögernd, obwohl man dem Hund doch Sou-

Freundlich gemeint – aber: Dieser Hund empfindet die vornüber gebeugte Haltung seiner Besitzerin als nicht so angenehm oder gar bedrohlich und reagiert darauf mit einer Beschwichtigungsgeste.

Gratwanderung zwischen Belohnen und Bestechen.

veränität vermitteln wollte? (z.B. bei Begegnungen oder den ersten Trainingsschritten zu „Frei bei Fuß gehen“. Mit dem angeleinten Hund fällt es dem Hundeführer leichter zielstrebig seinen Weg zu gehen. Ist der Hund abgeleint, kommt Unsicherheit auf, ob der Hund auch wirklich folgen wird. Die Körpersprache des Hundeführers verändert sich unbewusst und wirkt unentschlossen.)

Gehorsam oder Hundeknigge? Für den Hund ist es nicht immer so einfach alle Anweisungen seines Hundeführers zu befolgen, auch wenn er sie bereits erlernt hat, denn sie bringen ihn in manchen Situationen in einen ganz gewaltigen Zwiespalt. Dieser ist daran zu erkennen, dass der Hund vermehrt Beschwichtigungsgesten zeigt, wegschaut oder ausweicht. Dies kann soweit gehen, dass der Hund dem Hundeführer bewusst den Rücken zuwendet, was dieser dann in der Regel als weiteren Ungehorsam oder gar Ignoranz des Hundes interpretiert. Beispiele:

- Beim Herankommen für Hundesport oder -prüfungen wird erwartet, dass der Hund schnell, freudig und frontal auf den Hundeführer zurennt, dicht vor diesem verharrt, oftmals noch mit Körperkontakt vorsitzt. Laut Knigge des Hundes ist diese Art der Annäherung unverschämt oder gar bedrohlich. Korrektes freundliches Annähern unter Hunden erfolgt eher von der Seite mit leicht abgewandtem Blick oder nur kurzen Blickkontakten.
- Viele Hunde übertragen die Regeln des „Hundeknigges“ auch auf das Zusammenleben mit ihrem Hundeführer und nähern sich deshalb zunächst nur ungern auf die geforderte Art und Weise. Besteht jetzt der Hundeführer mit Druck auf der korrekten Ausführung, so verunsichert dies den Hund und er wird sich erst recht vorsichtig und seitlich nähern.
- Bei Gruppenübungen kann immer wieder beobachtet werden, dass Hunde beispielsweise die geforderte Fußposition verlassen, nicht auf direktem Wege herankommen, langsamer werden oder gar nichts mehr machen, weil ein Artgenosse signalisiert: „Halt Abstand“. Auch bei Apportierübungen in der Gruppe nehmen manche Hunde den Apportiergegenstand nicht auf, bringen ihn nicht an die gewünschte Stelle zurück, weil ein neben ihnen platzierter Artgenosse „es nicht erlaubt“.

In der Kurssituation ist es in erster Linie Sache des Ausbilders, diese Punkte zu erkennen, die Aufgabenstellung entsprechend abzustimmen und den Besitzer darauf hinzuweisen, wie er seinem Hund hier helfen kann. Manchmal reicht schon ein Verändern der Körperhaltung, ein Positionswechsel oder eine andere Wegführung.

Trainingsmethoden

Es sollten immer Methoden zum Einsatz kommen, bei denen der Hund verstehen kann, was wir von ihm möchten, sodass er sich dabei wohlfühlt und gerne mitarbeitet. Eine gute Basis ist das fundierte Wissen über die Lernfähigkeit und das Verhalten von Hunden. Sie sollten sich daher mit den unterschiedlichen Möglichkeiten eines Trainingsaufbaus beschäftigen. (Konditionierung, Gegenkonditionierung, Shaping, Desensibilisierung, Lernketten usw.)

Im Idealfall wählen Sie aus den vielen verschiedenen Möglichkeiten, die Sie in Ihrer „gedanklichen Schublade“ haben, die Vorgehensweise aus, welche für die zu bewältigende Aufgabe geeignet ist. Es ist ganz wichtig, dass die Methode zu diesem speziellen Team passt, so dass der Hundebesitzer damit zurechtkommt und der Hund erfolgreich lernen kann. Es liegt beispielsweise nicht jedem Hundeführer, mit Futter im Mund neben seinem Hund herzugehen, dieses dann passend auszuspucken. Oder: Einem Sennenhund ist es meistens ziemlich gleichgültig, wenn der Hundeführer hüpfend und Motivationsobjekte schwenkend versucht, ihn zu einer bestimmten Handlung zu bewegen.

Nicht ständig wechseln! Es ist sicher sinnvoll, sich mit der verwendeten Ausbildungsmethode kritisch auseinander zu setzen, sie zu überprüfen und gegebenenfalls auch zu wechseln, wenn man zunehmend ein ungutes Gefühl hat und/oder der Erfolg ausbleibt, obwohl man konsequent geübt hat.

Viele Hundeführer mit „Problemhunden" sind jedoch ständig auf der Suche nach der einen bestimmten Ausbildungsmethode, die nun endlich den gewünschten Erfolg bringt, und sind nur allzu gerne bereit, neue Ratschläge sofort auszuprobieren. Es ist heute recht einfach, auch durch das Internet und Foren, verschiedenste Anleitungen zu bekommen oder die Ratschläge werden sehr freigiebig durch ambitionierte Hundebesitzer gegeben. Diese vielen Infos können das eigene Wissen erweitern, bergen jedoch auch einige Tücken. Oftmals kennen die Ratgeber nicht den gesamten Hintergrund des Problems oder schildern eine Lösung, die bei ihnen selbst und ihrem Hund erfolgreich war, aber vielleicht nicht unbedingt übertragbar ist.

Deshalb muss immer überlegt werden: Sind die Vorschläge und Methoden für diesen Hund wirklich geeignet und wie werden sie angewandt? Es wird nicht funktionieren, ein Problem durch eine unüberlegte Ausbildung mit ungenügender Anleitung lösen zu wollen und dann zu hoffen, dass alles besser wird.

Hilfsmittel: Je weniger Hilfsmittel benötigt werden, desto besser. Jedes Hilfsmittel beinhaltet die Gefahr der Fehlanwendung, man wird vom Hilfsmittel abhängig und muss sich mühsam Schritt für Schritt davon frei machen.

Natürlich gibt es einige Hilfsmittel, die zur Ausbildung erforderlich sind, wie das passende Halsband bzw. Geschirr und Leine, Belohnungen wie Leckerchen oder Spielzeug oder auch Apportiergegenstände und Pfeife. Manchmal sind auch Dinge nötig, um den Hund besser kontrollieren zu können und unerwünschtes Verhalten zu unterbinden (Beispiel: lange Leine, Halti, Maulkorb).

Inzwischen sind jedoch die unterschiedlichsten Hilfsmittel auf dem Markt. Es gibt Gegenstände, um den Hund aufmerksam zu machen, zu motivieren oder zu stoppen; verschiedene Führhilfen, die ein leichtes Handling versprechen oder Ausrüstungsgegenstände für die Menschen wie Taschen, Beutel, Gurte usw., die oftmals den Hundeführer mit der Handhabung überfordern und den Hund eher stören als ihm helfen.

Bei dieser Vielfalt müssen Sie den Überblick bewahren, Sinnvolles von Unnützem trennen und mit dem Hundeführer zusammen abklären, was denn nun mit diesem neuen Hilfsmittel wirklich erreicht werden kann und ob und mit welchen Trainingsaufbau es verwendet werden sollte. Nur ein neues Hilfsmittel allein wird keine großen, anhaltenden Erfolge bringen.

Beim Einzeltraining kann sich der Ausbilder ganz auf sein Team konzentrieren.

Wichtig: Sie müssen mit der richtigen Handhabung dieser Hilfsmittel vertraut sein und den Hundeführer richtig anleiten können. Außerdem sollten Sie sicherstellen, dass andere Kursteilnehmer durch den Einsatz der Hilfen nicht gestört oder irritiert sind. Beispielsweise können geräuschvolle Trainingshilfen neben einem geräuschempfindlichen, ängstlichen Hund oder actionreicher Einsatz von Motivationsspielzeug neben unsicheren oder hektischen Hunden den Übungsbetrieb nachhaltig stören.

Grundsätzlich abzulehnen sind Hilfsmittel, die dem Hund Schmerzen zufügen oder ihn unter Druck setzen.

Individueller Trainingsplan

Ein solcher Plan, eventuell in schriftlicher Form, hilft sowohl dem Hundeführer als auch dem Übungsleiter den Überblick zu behalten, wenn es sich um mehrere oder sehr umfangreiche Probleme handelt. Für den Hundeführer ist es oftmals schwierig, wenn er sich nach einem Gespräch alle Details merken muss und der Übungsleiter hat ja in der Regel nicht nur dieses eine Team zu betreuen.

Der Trainingsplan ist kein starres Regelwerk und kann auch nicht bis ins Detail für einen längeren Zeitraum erstellt werden. Er muss immer wieder dem jeweiligen Trainings-

Im Trainingsplan werden verschiedene Punkte besprochen und festgehalten:

Trainingsziele	Sind mehrere Problemfelder erkannt worden, ist es wichtig, eins nach dem anderen anzugehen. Wenn mehrere Dinge gleichzeitig gelernt werden müssen, droht Überforderung, da zudem nicht nur ein Neulernen, sondern meist erst ein Umlernen erforderlich ist. Erreichte Zwischenziele schaffen Erfolgserlebnisse und motivieren zum Weitermachen.
Maßnahmen des Besitzers	Veränderung der Haltungsbedingungen, Umgang mit dem Hund und eventuell erforderliche medizinische Maßnahmen
Welche Trainingstechniken kommen zum Einsatz?	Manchmal kann eine bisher verwendete Vorgehensweise durchaus weiter angewendet werden, bedarf aber kleiner Veränderungen: ein anderes Lernumfeld, mehr Zwischenschritte, gezieltere Erklärungen und Anleitung für den Besitzer usw. Oder das Training muss um einige Punkte erweitert werden, weil sich neue Gesichtspunkte ergeben haben, die ebenfalls berücksichtigt werden müssen. Wenn ein Signal oder ein Handlungsablauf bereits mit vielen Fehlern oder hoher Anspannung behaftet ist, dann ist es erfolgversprechender eine andere Vorgehensweise oder ein völlig neues Signal zu verwenden, als das alte „nachzubessern“.
Das praktische Training	Trainingsbedingungen: passendes Übungsumfeld, Training im Kurs oder im Einzeltraining, Trainingsdauer usw. Lernschritte: Welche werden unter Anleitung des Trainers in Angriff genommen, welche bearbeitet der Hundeführer als Hausaufgabe.

stand angepasst werden. Überprüfen Sie, wie das Team auf die Trainingsaufgaben reagiert, damit die erforderlichen Anpassungen oder Abwandlungen rechtzeitig vorgenommen werden können. Klären Sie ab, ob der Hundeführer alles so verstanden hat, wie Sie es gemeint haben, damit keine Missverständnisse auftreten.

Kursgruppe oder Einzeltraining

Gruppentraining ist in vielen Vereinen und Hundeschulen eine häufige und effektive Ausbildungsmöglichkeit.

Manche Hundebesitzer üben gerne in einer Gruppe, obwohl sie vielleicht nicht alle Übungen mitmachen können oder ihr Hund vieles nicht so gut kann wie die Artgenossen. Für einen anderen Hundebesitzer mit Problemen ist eine Kursgruppe eher ungeeignet, weil er sich in solchen Situationen nicht wohl fühlt. Für ihn und seinen Hund ist dadurch Lernen nicht so gut möglich, auch wenn der Hund gruppentauglich wäre. Damit für jedes Team das passende Vorgehen ausgewählt werden kann, müssen das Problem, die Persönlichkeit von Hund und Mensch sowie die vorhandenen Trainingsmöglichkeiten realistisch eingeschätzt werden.

Gruppentraining: Probleme, die durch Kurssituationen (Gestaltung, Aufgabenstellung, Umfeld, Zusammensetzung usw.) entstanden oder verstärkt worden sind, lassen sich auch im Kurs zu einem großen Prozentsatz beheben, wenn die Bedingungen geändert werden können und wenn genügend Zeit bleibt, um das Team individuell anzuleiten.

Einzeltraining: Ist ein bestimmtes Hundeverhalten, Verhalten der Besitzer, häusliche Situation usw. die Hauptursache für die Schwierigkeiten, so können diese in einer Kurssituation nur zu einem kleinen Teil verändert werden. Es ist hier kaum möglich dem Team die erforderliche Betreuung und Anleitung zu geben, weil es den Kursablauf zu sehr stören würde. Im Einzeltraining können Sie sich ganz auf Ihr schwieriges Team konzentrieren und die Lernschritte, Erklärungen oder das Übungsumfeld auf die Problematik abstimmen.

Die ausgewählte Kleingruppe kann eine gute Zwischenlösung sein. Trainieren beispielsweise Hunde mit ähnlicher Problematik in einer kleinen Gruppe (max. 2–4 Teams) zusammen, kann ganz gezielt auf die Bedürfnisse dieser Teilnehmer eingegangen werden. Auch fühlen sich die Hundebesitzer hier oftmals wohler. Die gemeinsamen Probleme sorgen für Verständnis untereinander.

Weitere Möglichkeiten: Auch ein engagierter Übungsleiter kann nicht alle Bereiche abdecken. Bei Bedarf sollten Sie deshalb weitere Möglichkeiten für das Problemteam parat haben.

- Unterstützung durch versierten Kollegen suchen oder das Team in eine passendere Kursgruppe eingliedern.
- Weiterleiten an spezialisierte Tierärzte zur Abklärung medizinischer Ursachen oder Verhaltensauffälligkeiten.
- Wenn Einzeltraining erforderlich ist und der Übungsleiter dies nicht leisten kann, muss er dem Hundebesitzer Möglichkeiten aufzeigen, wohin er sich wenden kann.

Immer mehr Kursleiter erkennen die Vorteile von kleineren Übungsgruppen.

Problemteams in der Kursgruppe

Sie müssen als Übungsleiter für sich selbst und für jeden Kurs neu entscheiden, mit welchen Schwierigkeiten Sie fertig werden und wie viele problematische Hunde Sie in dieser Übungsgruppe sinnvoll betreuen können, ohne dass es Folgen für die anderen Teilnehmer und deren Lernfortschritte hat. Ein schwieriger Hund in der Übungsgruppe erfordert vom Ausbilder ein hohes Maß an Aufmerksamkeit und Überlegungen. Auf der einen Seite sollten Sie den problematischen Hund immer im Auge behalten, damit Sie schnell reagieren und Anweisungen geben können. Auf der anderen Seite dürfen Sie sich nicht nur mit diesem Hund beschäftigen, denn dieser ist im normalen Kurs einer von mehreren, die ein Anrecht auf Ihre Aufmerksamkeit haben.

Ehrlich, aber fair

Gegenseitige Achtung und Rücksichtnahme sind unabdingbare Voraussetzungen für eine gute Zusammenarbeit. Dies ist in Kursgruppen, in denen sich viele Teilnehmer kaum kennen und außer dem Hund wenig Gemeinsamkeiten haben, sicher nicht immer so einfach. Hier hat der Übungsleiter eine große Vorbildfunktion.

Man wächst an seinen Aufgaben. Wenn es Probleme gibt, bedeutet das nicht automatisch, dass man sich bisher nicht bemüht hat. Probleme lassen sich nicht immer nur mit gutem Willen beheben und Hundeverhalten kann man nur begrenzt nach einer Art Rezept formen und verändern. Auch wenn man sehr viel Zeit, Überlegungen und Energie in die Erzie-

Jedes Team hat neben Schwächen auch immer eine Stärke.

Manchmal braucht es nur etwas mehr Betreuung und Zeit oder ein ruhigeres Lernumfeld bis es klappt.

Lernen muss für alle möglich sein: Zu wenig Abstand und unkonzentrierte Hundebesitzer bringen nicht nur einen „Problemhund“ in Schwierigkeiten.

hung des Hundes steckt, wird nicht immer exakt das gewünschte Ergebnis erzielt werden können.

Es ist legitim, sein Ziel erreichen zu wollen, es ist aber unfair dem Hund gegenüber, wenn man aus ihm unter allen Umständen genau den Hund machen will, der den eigenen Vorstellungen entspricht. Es ist aber auch genauso unfair, den Hundebesitzer als kompliziert oder unfähig abzustempeln, nur weil der Hund schwierig ist.

Jeder Hund, jeder Hundebesitzer und auch jeder Kursleiter hat seine ganz speziellen Fähigkeiten und Grenzen. Es ist wichtig diese jeweils richtig einzuschätzen, damit keiner überfordert oder ungerecht behandelt wird. Fähigkeiten kann man ausbauen, es ist jedoch immer eine Frage der Persönlichkeit, wie man mit den verbleibenden Schwierigkeiten umgeht.

Probleme ansprechen. Immer nur kritisiert zu werden, entmutigt. Lob tut gut und erleichtert das Lernen, dies gilt für Hunde und Hundebesitzer gleichermaßen. Aber immer nur zu loben, ist wahrscheinlich auch nicht ganz ehrlich. Sicherlich hat der Problemhund auch Bereiche, in denen er seine Sache gut macht, hier kann man ehrlich loben. Die Defizite und Fehler jedoch müssen sachlich und ruhig angesprochen werden.

Absolut unverantwortlich ist es, als Übungsleiter genervt wegzuschauen, den Hundeführer seinem Schicksal zu überlassen und zu hoffen, dass der Kurs bald zu Ende ist oder dass der Teilnehmer ausscheidet. Sie sind für Ihre Teilnehmer verantwortlich, also müssen Sie sich dementsprechend Mühe geben. Stellt sich allerdings nach einiger Zeit heraus, dass der Hund sich doch als zu problematisch erweist oder Sie mit dem Hundeführer persönlich nicht zurecht kommen, dann ist es besser auch diesen Punkt offen anzusprechen und das weitere Vorgehen gemeinsam abzuklären.

Größere Probleme sollten Sie nicht während einer Übungsstunde und vor der ganzen Gruppe miteinander besprechen. Dies kostet Zeit, die anderen Teilnehmer warten untätig und der Besitzer des „Problemhundes“ wird sich in einer solchen Situation nicht besonders wohl fühlen. Besser ist dazu ein gesonderter Termin.

Feingefühl beim Leinenwechsel. In manchen Situationen wird es Sie „in den Fingern jucken" und Sie würden gerne die Leine übernehmen. Sie sollten allerdings sehr genau überlegen, welche Ziele Sie mit dieser Aktion erreichen möchten. Es ist wenig hilfreich, wenn Sie damit vorführen möchten, wie gekonnt Sie selbst mit diesem Hund eine Übung meistern würden. Der Hund soll die erwünschte Leistung nicht beim Übungsleiter zeigen, sondern beim Hundeführer. Außerdem kommt in der Regel ein Vorführeffekt zustande und der Hund benimmt sich erst einmal mustergültig. Dies kann dazu führen, dass mancher Hundeführer entmutigt wird.

In manchen Fällen kann es durchaus sinnvoll sein, wenn der Ausbilder einen solchen Hund für kurze Zeit selbst an die Leine nimmt, um auszuprobieren, wie man mit diesem Hund umgehen könnte oder um dem Besitzer zu zeigen, worauf es ankommt. Damit der Hundeführer wirklich einen Gewinn aus dieser Aktion ziehen kann, reicht es nicht aus zu sagen „Schau, so geht das", sondern es müssen konkrete Beobachtungsaufgaben gestellt werden: „Schau genau hin, wie ich meine Hände halte" oder „Schau, ob mein Rücken von hinten beim Laufen gerade aussieht". Ein anderes Beobachtungsfeld ist der Hund. Auch hier sind konkrete Aufgaben wichtig, etwa: „Beobachte, in welchem Moment der Hund Blick und Ohren zu einer Ablenkung richtet!", „Wie reagiert der Hund auf meine Körperhaltung?" usw.

Rechtzeitige und gut gestaltete Pausen sind wichtig.

Lernen muss für alle möglich sein

Damit ein Problemhund in einen regulären Kurs integriert werden kann, sind einige Voraussetzungen zu erfüllen:

Anforderungen an den Übungsleiter

- Erstellen von individuell angepassten und gut strukturieren Trainingsplänen.
- Geduldiger und kompetenter Umgang mit Hund und Mensch.
- Klare Kommunikation und deutliche Anweisungen: Absprachen klar, eindeutig und souverän.
- Gute Kenntnisse des Ausdrucksverhaltens von Hund und Mensch ermöglichen ein frühzeitiges Eingreifen bei Schwierigkeiten.

Anforderungen an das Problemteam:

- Es sollte ein bestimmter Trainingsstand erreicht sein, der es dem Team ermöglicht, zumindest einen Teil der Übungen mitzumachen.
- Der Besitzer muss wissen, wie er alleine mit seinen Hund parallel zur Kursgruppe trainieren kann.

Anforderungen an die Kursgestaltung:

- Zu Beginn ist ein zweiter Trainer sehr zu empfehlen, der sich um das Problemteam kümmert.
- Räumliche Ausweichmöglichkeiten, passende Trainingsumgebung, Gruppenzusammensetzung und -größe.
- Andere Kursteilnehmer dürfen nicht über Gebühr gestört oder gefährdet werden.

Auch die Pausengestaltung braucht Anleitung. Wenn sich ein fremder Hund ins Spiel einmischt, kann es zu Konflikten kommen.

- Die Methoden des Einzeltrainings und die der Kursstunde dürfen sich nicht widersprechen.

Hinweise an die anderen Teilnehmer: Ein schwieriger Hund in der Ausbildungsgruppe stellt je nach Problem auch an die anderen Kursteilnehmer einige Anforderungen. Es ist wünschenswert, Verständnis bei den anderen Teilnehmern aufzubauen, damit diese nicht genervt auf die Probleme des Hund-Mensch-Teams und das vermeintliche „Versagen" des Besitzers reagieren. Genau so wichtig ist jedoch auch, dass die Teilnehmer eine Anleitung bekommen, wie sie selbst reagieren sollten.

Bestimmte Verhaltensregeln im Umgang mit dem Problemhund müssen beachtet werden (z.B. Abstand halten, ihn nicht ansprechen, nicht bedrängen usw).

Sie bekommen Tipps, wie sie es schaffen können, dass sie sich vom Problemhund nicht ablenken lassen.

Offene Kommunikation: Der Übungsleiter sollte erfahren, wenn der Problemhund die Teilnehmer so stört, dass sie nicht mehr gut lernen können oder sich im Kurs nicht mehr wohlfühlen.

Betreuung des Problem-Teams beginnt schon vor der ersten Kursstunde. Vielen Hundeführern hilft es, wenn sie sich das Übungsgelände mit den dort herrschenden Bedingungen bereits im Vorfeld anschauen können oder einen für sie neuen Ausbilder vorab kennenlernen. Hundeführer und Übungsleiter können dann gemeinsam einschätzen, was an diesem Umfeld eventuell schwierig wird und erste Absprachen treffen.

Bei der Vorbereitung einer Kursstunde gilt es zu überlegen, welche der geplanten Übungen das Team mitmachen kann und welche ungeeignet sind. Welche Schwierigkeiten könnten auch bei geeigneten Übungen auftreten, wie kann die Aufgabe abgewandelt werden, damit sie für das Team passt? Bei ungeeigneten Übungen kann das Problemteam nicht einfach an den Rand der Wiese verwiesen werden! Überlegen Sie, was das Team in dieser Zeit machen könnte und welche Anleitung es dazu benötigt.

Während des Trainings müssen Sie erkennen, wie es dem Team an diesem Tag geht, welche grundsätzlichen Erklärungen der Hundeführer benötigt (z.B. bestimmten Abstand einhalten, kürzere Übungsdauer, andere Pausengestaltung). Es wird ganz sicher Situationen geben, in denen Sie schnell reagieren müssen, weil das Team Ihre sofortige Anwesenheit und Hilfestellung braucht. Was tun Sie dann mit den anderen Teams? Steht Ihnen ein Ausbildungshelfer zur Verfügung?

Wichtig ist auch die Nachbesprechung des Trainings: Was war gut? Wo gab es Schwierigkeiten? Denken Sie daran, manchmal empfindet der Hundeführer eine Situation völlig anders als der Übungsleiter.

Die Auszeit – wenn nichts mehr geht

In einer Kurssituation ist es oftmals nicht so einfach, die Bedürfnisse aller Beteiligten gleichermaßen gut abzudecken und die Übungen so zu gestalten, dass vor allem ein Problem-Team nicht überfordert wird.

Ganz wichtig ist daher das gute Beobachtungsvermögen des Übungsleiters. Stressanzeichen bei Mensch und Hund sollten wahrgenommen und die physische und psychische Belastbarkeit des Problem-Teams, aber auch die der anderen Kursteilnehmer richtig eingeschätzt werden.

Beim Spiel mit dem Artgenossen kann sehr schnell eine Situation entstehen, in der sich ein Hund bedrängt und unbehaglich fühlt.

Natürlich ist zusätzlich wichtig, die Teilnehmer so zu schulen, dass sie eine drohende Überforderung ihres Hundes selber erkennen und auch rückmelden können. In Kurssituationen ist jedoch in erster Linie der Übungsleiter gefragt, um Chaos zu vermeiden.

Wenn eine Übung nicht gelingt oder eine schlecht kontrollierbare Situation zu entstehen droht, bleiben Sie selbst ruhig und gelassen, aber handeln Sie bestimmt. Wenn Sie jetzt auch in Hektik oder Panik ausbrechen, ist niemandem geholfen. Geben Sie kurze, ruhige Anweisungen, achten Sie darauf, dass Ihre Stimme keinen Alarmton annimmt und führen Sie jetzt keine Diskussionen. Schalten Sie nach Möglichkeit Stressoren aus. Oft hilft ein größerer Abstand, eine kurze Pause, ein Innehalten und Durchatmen oder erklären Sie die Übung nochmal in anderer, einfacherer Form.

Bei großem Stress ist es besser abzubrechen und das Problemteam auf die Seite zu schicken. Aber: Lassen Sie Ihr Team nicht frustriert nach Hause gehen! Entweder Sie nehmen sich am Ende der Kursstunde Zeit („Warte draußen, geh eine kleine Runde spazieren, ich komme dann und wir besprechen das weitere Vorgehen.“) oder Sie zeigen dem Hundeführer eine andere Möglichkeit auf („Setz dich ins Auto und fahr heim, wir telefonieren heute Abend miteinander und besprechen, wie wir weiter vorgehen könnten.“).

Entspannungsrituale

Es kann von Nutzen sein, wenn man mit den Kursteilnehmern, aber besonders mit den Problem-Teams durchspricht und eventuell auch praktisch ausprobiert, was Mensch und Hund hilft, um Stress abzubauen oder eine angespannte Situation zu entschärfen.

Dies könnte dem Hund helfen, sich zu entspannen:

Körperliches Wohlbefinden:
- die Möglichkeit sich ruhig zu bewegen,
- sich versäubern können,
- Wasseraufnahme.

Gezielt eingesetzte Aktivitäten:
- Bewegung, Rennen, Schnüffeln (Achtung, nicht mehr entspannend, wenn es zwanghaft wird!),
- Spielen (Achtung, nicht für jeden Hund!),
- Herumtragen von Gegenständen.

Vertrautheit:
- Berührungen (kein hektisches Streicheln oder tröstendes Hätscheln, sondern ruhiges Nebeneinander),
- vertraute Umgebung (dazu reicht oftmals die bekannte Liegedecke oder die vertraute Autobox),
- vertraute Signale, Übungen, Rituale, normales Besitzerverhalten.

Ein **konditioniertes Entspannungssignal** kann bei vielen Hunden dazu dienen, um eine schnelle Beruhigung in bzw. nach aufregenden Situationen zu erreichen. Wichtig ist hierfür ein sorgfältiger Trainingsaufbau, denn das Entspannungssignal darf nicht zum Belohnungssignal für aufgeregtes oder ängstliches Verhalten werden.

Vorgehen in Kurzform: Gut geeignet sind akustische Signale (ruhig gesprochene, langgezogene Worte wie „ruhig", „sachte" o.Ä.) und/oder Berührungssignale wie langsames Streicheln über Rücken, am Brustkorb oder Ausstreichen der Ohren.

Das ausgewählte Signal wird über mehrere Wochen ausschließlich in Situationen benutzt, in denen der Hund völlig entspannt ist, z.B. beim abendlichen Fernsehen. Das Wort bzw. die Berührung wird dabei ab und zu wiederholt und der Hund sollte daraufhin seine entspannte Haltung beibehalten. Springt er auf, weil er sich angesprochen fühlt, sollte der Halter mit ruhigerer Stimme sprechen, eine Gestik oder ein anderes Wort verwenden.

Ist dem Hund die Berührung unangenehm, fasst er sie als Spielaufforderung auf oder fühlt sich hierbei schnell bedroht, ist ein akustisches Signal sinnvoller.

Um eine zuverlässige Verknüpfung (Signal = entspannter Zustand) zu erreichen, gibt man nach einiger Zeit das Signal immer genau dann, wenn der Hund nach einer leichten Erregung wieder dabei ist, sich zu entspannen. Dann nach einer etwas stärkeren Erregung. Im nächsten Schritt verwendet man das Signal, wenn der Hund **leicht erregt** ist. Führt das Signal jetzt zu einer deutlichen Entspannung, kann es zunehmend bei stärkerer Erregung verwendet werden. Reagiert der Hund hierauf noch nicht mit Entspannung, muss nochmals für einige Zeit weiter konditioniert werden.

Spielen im Kurs

Zum Thema Spielen gibt es die unterschiedlichsten Meinungen und Vorgehensweisen. In einigen Kursen ist es üblich, die Hunde vor der Übungsstunde oder in den Pausen miteinander spielen zu lassen. Meist ist dies ein unkontrolliertes Spiel, bei dem die Teilnehmer sich unterhalten und die Hunde sich selbst überlassen. Dieses freie und unkontrollierte Spiel mag für einige Hunde oder Übungsgruppen mit passender, harmonischer Zusammensetzung geeignet sein. Es beinhaltet jedoch auch eine Menge Konfliktstoff.

- Spielen dient vor allem bei erwachsenen Hunden dazu, den sozialen Status auszuloten.
- Beim Spiel können sehr schnell Situationen entstehen, in denen sich ein Hund bedrängt oder unbehaglich fühlt.
- Steht das freie Spielen immer am Beginn einer Kursstunde, so verknüpfen manche Hunde den Anblick von Artgenossen nur mit gegenseitiger Kontaktaufnahme und Spiel oder sind bemüht, auf die Aktionen der Artgenossen zu achten um passend dar-

auf zu reagieren. Der Besitzer wird in dieser Situation eher nebensächlich. Daraus können sich im Alltag oder beim weiteren Training durchaus Probleme ergeben (s. Kapitel 4, S. 32 und Kapitel 6, S. 51). Wirklich entspanntes Spiel findet nur in einer Gruppe statt, in der sich die Hunde gut kennen. Aber auch dann finden sich oftmals nur die Hunde zusammen, die sich wirklich gut verstehen.

Problemhunde und Spielen

Ein unkontrolliertes Spielen lassen ist für schwierige Hunde nicht zu empfehlen. Für manchen Problemhund kann jedoch ein überwachtes und gelenktes Spiel sinnvoll sein. Voraussetzungen: geeignete Spielpartner bzw. Teilnehmer, die sich an die Anweisungen des Übungsleiters halten und großzügige Platzverhältnisse, damit die Hunde jederzeit ausweichen können.

Ein hektischer, überbegeisterter Hund wird durch ein Spiel vor der Übungseinheit oftmals noch viel aufgedrehter und unkonzentrierter. Er braucht dann viel mehr Zeit als andere Hunde, bis er sich wieder auf seinen Menschen und seine Arbeit konzentrieren kann.

Ein ängstlicher Hund fühlt sich vielleicht durch aufdringliche Spielaktionen anderer Hunde oder durch sehr um Kontakt bemühte Kursteilnehmer überfordert. Kann er dem nicht ausweichen, weil es das Gelände nicht erlaubt oder die anderen ihn weiter bedrängen, schnappt oder bellt er vielleicht und lernt dabei, damit andere auf Distanz zu halten. Für diese Hunde ist der kontrollierte Freilauf besser. Hier können sie in einer überschaubaren kleinen Gruppe miteinander rennen. Das Gelände muss Ausweichmöglichkeiten bieten, so kann der Hund den Abstand zu den anderen einhalten, der für ihn angenehm ist. Die Teilnehmer bewegen sich auf dem Platz hin und her, bleiben auf keinen Fall für längere Zeit als Gruppe stehen und nehmen zunächst von sich aus keinen Kontakt zum Hund auf, reagieren aber auch nicht beschützend für den ängstlichen, eventuell Nähe suchenden Hund.

Aggressionen: Bei jedem Spiel können Situationen entstehen, in denen sich ein Hund aggressiv verhält. Er könnte Beute oder für ihn wichtige Dinge bewachen oder verteidigen wollen: den verfaulten Apfel, das Mauseloch oder den eigenen Besitzer. Auch ein sehr auf seinen Status bedachter Hund wird das Spiel nicht immer genießen. Ist er sehr souverän, wird er die anderen wenig beachten und nur dann kurz eingreifen, wenn sich einer der Hunde aus seiner Sicht daneben benimmt. Ist er jedoch nicht so selbstsicher, wird er jede kleine ranganmaßende Geste eines anderen Hundes als Herausforderung betrachten und entsprechend aggressiv darauf reagieren.

Freier Kontakt zu anderen Hunden und Teilnehmern sollte bei aggressiv reagierenden Hunden im Kurs nur dann zugelassen werden, wenn sich die dafür notwendigen Bedingungen schaffen lassen. Nötig sind ein besonders geschulter Ausbilder, entsprechend angeleitete Teilnehmer und für den speziellen Fall ausgewählte Partnerhunde. Diese „therapeutische" Arbeit ist in Kurssituationen in der Regel nicht zu leisten und sollte dem Fachmann überlassen bleiben. Dieser kann auch einschätzen, bei welchem Hund dadurch ein Lernfortschritt zu erwarten ist.

Beim schlecht motivierbaren Hund ist Spielen vor dem Kurs oder in den Pausen nicht in jedem Fall schlecht. Einige Hunde wachen dabei aus ihrer Lethargie auf und sind wenigstens kurze Zeit danach aktiver und ansprechbarer als sonst. Manchmal finden auch andere Kursteilnehmer im Spiel mit einem solchen Hund heraus, wie er sich begeistern lässt. Gehört der Hund jedoch zu denen, die aufgrund ihrer Konstitution und Veranlagung langsam und bedächtig reagieren oder schnell müde werden, wird er beim Spielen vor dem Kurs noch im Rahmen seiner Möglichkeiten aktiv mitmachen, gerade dann aber erschöpft die erste Ruhepause einlegen, wenn der Kurs begonnen hat.

Bis der Hund eine solche Alltagssituation problemlos meistert, sind viele Wiederholungen und ein stufenweiser Übungsaufbau nötig.

Daheim ist er ganz anders!

Der Besitzer meint damit, dass das Verhalten des Hundes zu Hause ein anderes ist als auf dem Übungsplatz, dass der Hund daheim viel ansprechbarer, ruhiger erscheint oder die gegebenen Signale zuverlässiger befolgt.

Diese Aussage ist jedem Übungsleiter bekannt, sie wird zwar eventuell als Ausrede gebraucht, kann aber durchaus stimmen oder das subjektive Empfinden des Hundebesitzers widerspiegeln.

Fragen Sie nach: Ist der Hund daheim wirklich ruhiger, folgsamer oder fällt da seine Unruhe, der Ungehorsam, das aufdringlich fordernde Verhalten usw. nicht so auf, bzw. haben sich die Hundebesitzer bereits daran gewöhnt?

Werden daheim überhaupt Anforderungen an den Hund gestellt? Wenn er dort nur wenige Anweisungen bekommt, dann ist gut möglich, dass ihn viele Aufgaben hintereinander im Kurs überfordern.

Darf der Hund in vielen Alltagssituationen tun und lassen, wie er möchte, so wird er dieses Verhalten vermutlich auch in der Trainingssituation beibehalten.

Überlegen Sie gemeinsam: Was ist im Kurs anderes als daheim?

Vielleicht hat der Hund wirklich eine bestimmte Aufgabe gut gelernt, aber nur in einem ruhigen oder vertrauten Umfeld und kann es noch nicht auf die Kurssituation übertragen. Welche Zwischenschritte benötigt er, um das Gelernte auch in anderer Umgebung zu zeigen?

Wie fühlt sich der Besitzer in der Kurssituation? Kann er die Anweisungen des Übungsleiter richtig wahrnehmen und umsetzen?

Was könnte den Hund während des Kurses irritieren? Geräusche, andere Teams, zu laute Stimmen und sehr präsente Teilnehmer usw.

Ist er überfordert mit den Aufgaben, der Gesamtsituation oder braucht er mehr Pausen und kleinere Lernschritte? Verhält sich sein Besitzer während der Übungsstunden anders als beim Üben zu Hause?

Unruhig und ständig abgelenkt

Normal ist, dass ein Hund aufmerksam und interessiert die Reize in seinem Umfeld wahrnimmt. Worauf und wie intensiv er dann reagieren wird, ist unterschiedlich. Hunde mit besonders guten Sinnesleistungen (hören, sehen, riechen) nehmen, meist mehr als andere Hunde, die sie umgebenden Reize wahr.

Schwierig ist, wenn ein Besitzer auf der einen Seite die Lebhaftigkeit und Aktivität seines Hundes zulässt oder gar fördert, in anderen Situationen aber plötzlich konzentriertes und aufmerksames Verhalten einfordert.

Kritisch ist, wenn das Verhalten des Hundes fehlgedeutet wird. So wird beispielsweise lebhaftes und abgelenktes Verhalten mit einem „quirligen“ Temperament erklärt und aufgeregtes Umherrennen, am Besitzer Hochspringen o.Ä. häufig als überschäumende Lebensfreude oder Ungehorsam angesehen. Dieses Verhalten kann jedoch auch Stress oder Unsicherheit als Ursache haben.

Nötig ist es, die Signale des Hundes richtig zu interpretieren, das heißt beispielsweise Stressanzeichen rechtzeitig zu erkennen und die Ursachen für aufgeregtes, unkonzentriertes Verhalten zu finden.

Häufige Ursachen sind:

- Ablenkung durch verschiedene Umweltfaktoren
- Überforderung durch unpassende Trainingsziele bzw. -aufbau
- Unsicherheit, Stress durch Trainingssituation, Verhalten der anderen Teams
- erlerntes Verhalten, Frust
- Verhalten des Hundeführers (ungeschicktes Management, Unsicherheit, Angespanntheit usw.)
- genetische Disposition
- gesundheitliche Veränderungen

Bausteine für ein erfolgreiches Training

Das allerwichtigste Lernziel von Hund und auch Besitzer ist es, Ruhe zu erlangen. Dazu sind viele kleine Übungsschritte, eine passende Lernumgebung und meist auch eine Veränderung des Besitzerverhaltens nötig. Im Rahmen eines normalen Hundekurses können in der Regel nicht alle erforderlichen Trainingsschritte ausführlich mit den Teams geübt werden. Manches

Abgelenkt durch andere Hunde und interessante Gerüche.

muss deshalb im Einzeltraining stattfinden oder als Hausaufgabe gelebt werden.

Ein wichtiger Faktor: der Besitzer

Besprechen und üben Sie Veränderungen im Besitzerverhalten und im Umgang mit dem Hund am besten im Einzeltermin. Manchmal kann es sinnvoll sein, hierfür einen Hausbesuch zu vereinbaren und dabei auch den Umgang mit dem Hund daheim anzuschauen, denn Beschreibungen des Besitzers sind nicht immer objektiv.

Anforderungen an den Besitzer:

- Gelassenheit und eine große Frustrationstoleranz,
- geduldiger, aber konsequenter Umgang mit dem Hund,
- gezielte Signale geben, klar und gut wahrnehmbar für den Hund (Signal nicht in ganze Sätze einbetten),
- eher weniger, aber sehr überlegt üben,
- ruhige Stimme, eindeutige Bewegungen und Körpersprache,
- Akzeptieren der individuellen Fähigkeiten des Hundes,
- Bereitschaft auch im häuslichen Umfeld eventuell erforderliche Veränderungen vorzunehmen.

Ruhe daheim: Kann der Hund hier wirklich auch zur Ruhe kommen?

Kann er ungestört schlafen? In lebhaften Haushalten empfiehlt es sich, dem Hund einen eigenen Rückzugsplatz einzurichten und diesen auch zu kennzeichnen. In Haushalten mit Kindern kann dies so gelöst werden, dass farbige Klebestreifen auf den Boden aufgeklebt werden. Kinder können so leichter den Bereich des Hundes erkennen und akzeptieren.

Werden ständig Anforderungen an ihn gestellt? Damit sind nicht nur die bewussten Erziehungsmaßnahmen an den Hund gemeint. Viel mehr Unruhe bringen die vielen, meist auch noch unterschiedlichsten Anweisungen, die von den Familienmitgliedern gegeben werden. Jeder ist bemüht, den Hund zu erziehen oder möchte mal kurz mit ihm spielen. Klare Regeln für den Umgang mit dem Hund sorgen für Ruhe und Struktur.

Unbeabsichtigtes Belohnen oder Bestätigen des unruhigen Verhaltens. Diese Punkte sollten überprüft werden:

Aufgeregtes Verhalten bringt Beachtung und lohnt sich deshalb für den Hund.

Ein aktiver Hund benötigt abwechslungsreiche Aufgaben und viel Bewegung – aber auch Ruhe, Grundgehorsam und Frustrationstoleranz sind wichtig.

Kontaktaufnahme an der Leine mit anderen Hunden sollte auch im Alltag nicht geduldet werden.

Scheitern vorprogrammiert …

Wie könnte die Trainingssituation verbesser werden, damit die Übung gelingt?

Beispiel: Der Hund will spielen, gestreichelt werden, er versucht Aufmerksamkeit zu bekommen. Er fiept, bringt seinen Ball, o.Ä. Der Mensch beschäftigt sich (manchmal unbewusst) mit ihm, wendet sich ihm zu, redet mit ihm (auch wenn er nur sagt: „Lass mich in Ruhe, ich habe jetzt keine Zeit.“), streichelt ihn kurz über den Kopf, etc.

Oder der Hund ist besonders aktiv, er rennt herum, bellt, möchte zur Türe raus, kratzt sich, beißt in die Rute usw. und die Besitzer reagieren sofort und gehen darauf ein. Sie untersuchen, ob eine juckende Klette im Fell sitzt, geben Kommandos zum Ruhigwerden oder lassen den Hund kurz in den Garten. Auf jeden Fall hat der Hund erreicht, was er wollte, nämlich Beachtung und Aufmerksamkeit.

Ist die gut gemeinte Beruhigung eher eine Belohnung?
Versucht der Besitzer den unruhigen Hund mit Stimme, Leckerchen, Streicheln usw. zu beruhigen, kann der Hund dies als Lob für sein Tun auffassen und sich deshalb weiterhin aufgeregt verhalten.

Manchmal hilft eine Strichliste, in der der Besitzer notiert, wie oft und in welchen Situationen er sich bei den obigen Reaktionen ertappt, denn nur wenn ihm dies bewusst ist, kann er sein Verhalten entsprechend ändern.

Die passende Belohnung und Beschäftigung

Bei einem hektischen Hund ist es oftmals eine Gratwanderung das richtige Maß dafür zu finden.

Eine gut gewählte Belohnung wird dem Hund ein angenehmes Gefühl vermitteln, aber ihn nicht so aufwühlen, dass er darüber die eigentliche Aufgabe vergisst, und eventuell vor lauter Begeisterung nur noch schwer zu kontrollieren ist. Womit der einzelne Hund angemessen belohnt werden kann, muss ausprobiert werden.

Futter ist bei fressfreudigen Hunden ein guter Maßstab um festzustellen, wie hoch der Stresspegel ist. Wenn dieser zu hoch ist, wird der Hund das Leckerchen verweigern. Wenn Hunde zu viel Begeisterung für das Futter zeigen, dann sind sie für die Signale nicht mehr empfänglich, sondern interessieren sich nur noch für das Leckerchen.

Körperkontakt: Hierbei empfiehlt sich ein ruhiges Streicheln, Kraulen z.B. unter dem Kinn, an den Ohren, seitlich über die Schnauze. Allzu begeistertes Klopfen oder Streicheln an Stellen, die dem Hund nicht so angenehm sind, bringen ihn wieder in Unruhe.

Konditioniertes Lobwort oder Bestätigung mit dem Clicker: Gut geeignet für Hunde, die Futter, Spielzeug oder Körperkontakt zu sehr „aufregt". Der Hund bekommt zeitnah eine Rückmeldung, dass er seine Sache gut gemacht hat.

Belohnen, Fixieren auf Spielzeug: Einsatzmöglichkeit, Anwendungstechnik und Ziele, welche damit erreicht werden sollen, müssen sehr gut überlegt werden. Wenn es richtig aufgebaut wird, kann ein „Superspielzeug" gut geeignet sein, um den Hund in kritischen Situationen auf den Hundeführer zu konzentrieren oder die Aufregung in kontrollierte Bahnen zu lenken. Es wird jedoch nicht helfen, den Hund mit einem wilden Spiel zu belohnen und zu erwarten, dass der Hund dadurch Ruhe erlernt. Wenn man es genauer betrachtet, dann tauscht man eine Aufregung (Anwesenheit von Artgenossen, das Rascheln im Gras, die Bewegung usw.) gegen eine andere (nämlich die Gier nach dem Spielzeug).

Beschäftigen – aber richtig. Es ist durchaus möglich, dass dem Hund die gebotenen Bewegungs- und Beschäftigungsmöglichkeiten nicht ausreichen. Dies kann vor allem für Hunde zutreffen, die für eine bestimmte Arbeit gezüchtet wurden, sei es ein jagdlicher Einsatz oder die Verwendung als Hütehund. Ein etwas intensiveres und vor allem passendes Beschäftigungsprogramm kann in diesem Falle hilfreich sein.

Achtung: Es bedeutet nicht, dass dieser Hund immer noch mehr Auslauf und noch mehr körperliche Aktivität braucht. Je mehr ein Hund mit aktionsreichen Übungen beschäftigt wird, desto schwieriger ist es, ihn wieder zu beruhigen. Körperliche Auslastung ist wichtig, es kommt jedoch auf die Art der Bewegung und die damit verbundene Beschäftigung an. Sinnvoll sind ruhig verlaufende Aufgaben, bei denen sich der Hund konzentrieren muss und auch mental ausgelastet wird. Hierzu gibt es eine ganze Reihe von guten Büchern auf dem Markt, die Ihnen dabei helfen können, die passende Beschäftigung zu finden.

Es ist auch nicht sinnvoll, den Hund ständig zu bespaßen oder mit Beschäftigung zu überhäufen, nur damit er Ruhe gibt. Viele Hunde gewöhnen sich dann daran, dass sich der Hundeführer immer anstrengt oder dass ständig etwas los sein muss.

Qualität vor Quantität

Häufig bekommen Hundeführer den Rat, sie sollen für den Hund „wichtiger werden als alles andere" und unbedingt versuchen, den Kontakt und die Aufmerksamkeit des Hundes zu bekommen.

Leider kann dieser gut gemeinte Rat in vielen Trainingssituationen nicht umgesetzt werden, weil der Ablenkungs- und Stressgrad zu hoch und es dem Hund nicht oder nur kurzfristig möglich ist, die Anweisungen seines Hundeführers wahrzunehmen und umzusetzen. Es ist dann auch nicht sehr hilfreich, noch mehr Gehorsam zu verlangen oder immer andere Motivationsobjekte hervorzuzaubern. Im Gegenteil, der Hund ist hin- und hergerissen zwischen den Signalen seines Hundeführers und den Umweltreizen, und die Aktionen von Hund und Mensch werden immer unruhiger und angespannter.

Weil es nun aber nicht möglich ist, im Alltag alle Ablenkungen zu vermeiden, müssen Hund und Mensch lernen mit diesen umzugehen. Dazu benötigen sie ein überlegt ausgewähltes Lernumfeld und die passende Aufgabenstellung. Dies gilt für das Einzeltraining genauso wie für das Arbeiten in der Gruppe.

Ohne Ablenkung. Zum Erlernen einer neuen Übung wird grundsätzlich eine ruhige und ablenkungsarme Umgebung gewählt. Der Hund muss ja zunächst einmal erkennen, welcher der Reize, die in der Übungssituation auf ihn einwirken, das eigentliche Signal ist. Je weniger Reize vorhanden sind, umso leichter gelingt dies. Bekommt beispielsweise der Hund in einer Kurssituation mit vielen unterschiedlichen Reizen ein neues Signal, ein Lob oder eine Korrektur vom Besitzer, ist es eventuell möglich, dass er dies überhaupt nicht wahrnimmt oder er es als nicht als entscheidenden Reiz erkennen kann.

Pro Übungsschritt wird nur ein Faktor verändert. Erst wenn die Übung bei wenig Ablenkung zuverlässig ausgeführt wird, kann man den Ablenkungsgrad steigern. Dabei darf die Steigerung der Aufgabe oder Ablenkung nur so groß sein, dass sich der Hund nicht zu sehr aufregen muss und sich noch ausreichend auf die geforderte Aufgabe konzentrieren kann.

Das bedeutet:

- entweder die Lernumgebung geringfügig verändern und eine vertraute Übung/Leistung vom Hund verlangen.
- oder die Lernumgebung bleibt gleich und der Hund lässt sich davon nicht mehr irritieren – dann in diesem Umfeld eine geringfügig neue Aufgabe mit dem Hund trainieren.

Über einzelne Lernschritte zum Ziel

Für viele hektische Hunde ist ein solider Übungsaufbau der Schlüssel zum Erfolg. In einigen Trainingsphasen kann man sehr schnell zum nächsten Schritt übergehen, in anderen muss mehrere Wochen an der gleichen Aufgabe gearbeitet werden.

Beispiel: Der Hund lässt sich von Passanten und/oder Artgenossen ablenken.

Das erwünschte Lernziel (an lockerer Leine gehen, herkommen usw.) wird zunächst ganz ohne Ablenkung geübt. Erst dann kommt die Ablenkung (Passant/Artgenosse) hinzu. Wichtig dabei ist, den Trainingspartner mit seinem Aufgaben vorher vertraut machen. Arbeiten Sie mit einem Stufenplan und beginnen mit dem Einfachsten.

Möglicher Aufbau in der Praxis für die Übung mit den Passanten:

Beim ersten Übungstermin steht ein Passant ruhig am Rande. Bei den nächsten Terminen kann der Passant zunehmend aktiv werden. Eine Steigerung jeweils wäre:

- Er geht langsam ohne den Hund anzuschauen.
- Er bewegt sich schneller.
- Er schaut den Hund an.
- Er redet mit dem Hundeführer.
- Der Passant joggt, springt, usw.

Wählen Sie zu Beginn einen großen Abstand zur ablenkenden Person, dann kann wechselweise der Abstand verringert oder die Aktionen der Person gesteigert werden.

Weitere Faktoren, die Sie schrittweise verändern können: Übungen zunächst in ruhiger, vertrauter Umgebung, dann in zunehmend anderem Umfeld oder/und Übung mit unterschiedlichen Personen.

Andere Hunde sind so aufregend!

Hat ein Hund von klein auf Menschen und andere Hunde nur als Spielpartner erlebt, fällt es ihm besonders schwer, sich in Gegenwart anderer zu konzentrieren. Für ihn bedeutet die Gegenwart von Menschen und Hunden oder der Übungsplatz zunächst nur Ankündigung von Spiel und Aktivität.

Man könnte nun den Hund mit mehr oder weniger Erfolg mit durch den Kurs oder Alltagsbegegnungen „ziehen“. Besser wäre es allerdings, die Grundstimmung des Hundes zu verändern. Das Ziel ist: Wenn der Hund einen Artgenossen sieht, konzentriert er sich trotzdem auf seinen Menschen. Erst wenn der Hundeführer ihm die Erlaubnis dafür gibt, kann er sich dem Hund zuwenden.

Um hier erfolgreich zu sein, müssen sich Ausbildung im Hundekurs und häusliches Training ergänzen. Planen Sie nicht nur die Übungsstunden, sondern überlegen Sie gemeinsam mit dem Hundebesitzer, wie es im Alltag ausschaut:

Wie sieht es aus bei ganz normalen Spaziergängen? Darf der Hund immer gleich zu den Artgenossen hin? Zieht er und schon beeilt sich der Hundeführer die Leine zu lösen? Wird der Hund vielleicht sogar aufmerksam gemacht: „Schau mal, da ist ja deine Freundin Molly!“ Dann ist es nur natürlich, dass der Hund im Kurs ebenfalls versucht zu seinen Artgenossen zu kommen.

Achtung Falle: Viele Besitzer achten zwar darauf, dass sie ihren Hund vor dem Ableinen jedes Mal absitzen lassen, aber der Hund sitzt zitternd und bebend in den Startlöchern, danach löst der Besitzer die Leine, weil der Hund ja schön sitzt, und der Hund darf rennen. Äußerlich war er in der gewünschten Sitzposition, innerlich aber noch total aufgeregt und angespannt und es wird in diesem Fall höchstens ein Management des unruhiges Verhaltens eingeübt, nicht aber Ruhe und Gelassenheit.

Was tun? Hundeverhalten richtig interpretieren, Stress und Angespanntheit erkennen. Nicht jede Hundebegegnung endet in einem Spiel, manchmal bleibt der Hund einfach an der Leine und man übt ruhiges Vorbeilaufen an Artgenossen. Dabei muss vor allem auf einen großen Abstand geachtet und die Lernschritte überlegt aufgebaut werden (s.o.).

Wie schaut es mit dem Grundgehorsam aus? Wenn Hundeführer und Hund es nicht schaffen an lockerer Leine an einem viel weniger aufregenden Gegenstand vorbeizugehen, wie soll das dann bei einer so aufregenden Sache wie einem anderen Hund gelingen?

Was tun? Grundgehorsam in weniger aufregenden Situationen sicher etablieren.

Wie verhält sich der Hundeführer? Jammert er über das Verhalten seines Hundes und lässt sich dann doch von seinem Hund zu dem anderen Hund ziehen, sodass dieser eben doch hin zum Artgenossen darf?

Erst Einzeltraining …

… dann eine Kleingruppe.

Was tun? Empfehlenswert ist ein ruhiges, gelassenes, aber sehr konsequentes Verhalten des Hundeführers sowie das Überprüfen von unbeabsichtigtem Belohnen des unruhigen Verhaltens.

Es ist hilfreich für den Hundeführer, wenn er eine Art Tagebuch führt, in dem er diese Punkte festhält und aufschreibt, wie die täglichen Begegnungen verlaufen sind. Er kann dadurch besser erkennen, wo und wann er selbst inkonsequent war.

Blitzstart: Kalkulieren Sie auch die „Antrittsgeschwindigkeit“ eines kräftigen Hundes mit ein!

In der Kurssituation

Gut ist ein Training dann, wenn es ganz ruhig und völlig unspektakulär verläuft. Dies stellt hohe Anforderungen an die Kompetenz eines Übungsleiters. Sie müssen Ihre Aufmerksamkeit in mehrere Richtungen lenken:

Das Problemteam: Auch wenn der Besitzer daheim oder beim Einzeltraining bereits den ruhigen Umgang mit seinem Hund geübt hat, so fällt es ihm unter Beobachtung oder in einer aufregenden Kurssituation oftmals nicht mehr so leicht und er benötigt wieder vermehrt Anleitung.

Das Kursprogramm und die Trainingsbedingungen: Gut strukturierte Kurse mit überwiegend ruhig verlaufendem Programm, kleine Gruppen, kurze Übungseinheiten und Pausen, in denen sich Hund und Mensch entspannen können, sind wichtige Punkte, damit ein aufgeregter Hund lernen kann und der Hundeführer sich wohlfühlt.

Kein wildes und aufregendes Spiel vor dem Kurs oder in den Pausen.

Die Kursgruppe: Unruhige, nervöse Hunde werden im Kursgeschehen schnell als störend empfunden. Sie verleiten andere Hunde ebenfalls zu unerwünschten Aktionen. Die Besitzer solcher Hunde werden oft als unfähig, lasch und weniger durchsetzungsfähig eingestuft.

Der Übungsleiter muss hier zum einen das Team ermutigen, durchzuhalten aber auch die anderen Teilnehmer anleiten, passend mit dem Team umzugehen.

Für die anderen Teams gilt:

- Abstand zum unruhigen Hund halten,
- nicht anschauen, nicht ansprechen,
- keine übertriebenen Bewegungen,
- Lautstärke dosieren,
- Geduld aufbringen.

Lernschritte an den Hund anpassen

Besprechen Sie bereits im Vorfeld mit dem Hundeführer, dass für ihn ein individuelles Lernziel gilt und die Kursgruppe zumindest anfangs „nur“ eine gute Möglichkeit ist, unter kontrollierter Ablenkung zu trainieren. Mancher sehr motivierte Hundeführer ist sonst enttäuscht oder fühlt sich zurückgesetzt, wenn er weniger oder andere Aufgaben machen soll als die anderen Kursteilnehmer.

Ein ruhiger Beginn kann mitentscheidend für den Verlauf einer Übungsstunde sein. Rechtzeitiges Eintreffen am Platz gibt Hund und Hundeführer die Möglichkeit sich auf das Kommende einzustimmen. Der Hund sollte sich vor dem Training kurz lösen können, auf keinen Fall wild mit den anderen spielen oder an der Leine zu den anderen Teams ziehen.

Der Hundeführer sollte den Platz in Ruhe betreten, zunächst etwas abseits üben, um zu erkennen, wie das Verhalten des Hundes an diesem Tag ist und dann das weitere Training darauf abstimmen.

Dieses Vorgehen erfordert Disziplin und Konzentration vom Hundeführer, besonders dann, wenn sich die anderen Teilnehmer vor Kursbeginn treffen und eventuell die Hunde spielen lassen und er selber Abstand halten muss.

Am besten bringt der Hundeführer den Hund kurz wieder ins Auto, wenn sich die Teilnehmer begrüßen und Neuigkeiten austauschen. Dann wird der Hund wieder abgeholt und kann dann konzentriert arbeiten.

Betreten des Platzes. Unter Umständen muss bereits die Autofahrt zum Übungsgelände geübt werden. Wenn es die Entfernung zulässt, fährt man mit seinem Hund auch außerhalb der Übungsstunden immer mal wieder zum Übungsgelände, ohne dass dort etwas Besonderes passiert. Manchen Hunden hilft es auch, wenn man nicht immer dieselbe Strecke zum Übungsplatz fährt.

Am Übungsplatz verlässt der Hund das Auto erst nach Aufforderung und in Ruhe, kann dann einen kurzen Spaziergang oder ein paar Gehorsamsübungen machen, anschließend geht es wieder nach Hause. Wenn das Übungsgelände jederzeit außerhalb des Übungsbetriebs betreten werden darf, so kann auch das ruhige Betreten des Platzes geübt werden.

Erst wenn ein Team es schafft, das Übungsgelände in Ruhe zu betreten, macht es Sinn dort weitere Übungen zu machen.

Am Rande des Geschehens. Das bedeutet, das Team arbeitet zwar auf dem Übungsgelände, aber ganz für sich und mit großem Abstand zur Gruppe. Dies ist empfehlenswert, um bei einem sehr aufgeregten Hund einen Einstieg zu finden und auch Erfolgserlebnisse zu haben, denn das Üben am Rande des Geschehens hat einige Vorteile:

- Der Hundeführer kann sich ganz auf seinen Hund konzentrieren und muss nicht noch zusätzlich auf die anderen Teilnehmer oder Erklärungen des Übungsleiters achten.
- Der Hundeführer bestimmt den erforderlichen Abstand zu den anderen und kann genau die Übungen und Pausen machen, die für ihn und seinen Hund zu diesem Zeitpunkt sinnvoll sind.
- Das Team steht nicht so deutlich im Fokus der Beobachtung.

Voraussetzung: Vor der Kursstunde besprechen Sie jeweils, was der Hundeführer für sich abseits übt und worauf er dabei achten sollte. Zu Beginn der Übungseinheit kann es beispielsweise nötig sein, dass der Hund lernt, ruhig neben dem Besitzer zu verweilen oder „nur“ an lockerer Leine auf- und ab zu gehen. Mag das als Programmpunkt auch langweilig erscheinen, eines ist sicher – die Besitzer haben genug damit zu tun! Der Erfolg zeigt sich daran, dass die Hunde später entspannt die Übung mitmachen.

Auch während der Trainingsstunde benötigt das abseits übende Team Betreuung und Hilfestellung. Engagieren Sie einen Übungsleiter-Helfer oder nutzen Sie die Pausen für eine Zwischeninfo.

Wie lange ein Team parallel zum Kurs üben sollte, ist sehr unterschiedlich. Dies kann eventuell für einige Kursstunden nötig sein, in anderen Fällen ist dies nur zu Beginn der Übungsstunde notwendig.

Ein erster Schritt in Richtung Gruppe: Zunehmend arbeitet das Team näher bei der Gruppe. Dann kann es bei geeigneten Übungen auch mit der Gruppe arbeiten, beispielsweise wenn Übungen ruhig verlaufen und nicht zu lange dauern.

Wägen Sie immer ab: Wo ist Üben abseits erforderlich, weil der Hund mit der Gruppenübung oder Situation überfordert wäre und wann lernt der Hund nichts mehr dazu, weil Anregung fehlt?

Beobachten Sie den Hundeführer: Wann ist er zu forsch und riskiert zu viel? Wo traut er sich nicht, einen Schritt weiter zu gehen, also mit der Gruppe zu üben oder hat er sich so daran gewöhnt abseits zu sein, dass er nicht von sich aus auf die Idee kommt, einen Schritt in Richtung Gruppe vorzuschlagen?

Ruhiger Ausklang. Auch beim Beenden der Stunde sollten Sie diszipliniert sein. Viele Hundeführer sind erleichtert, dass die Übungsstunde so gut verlief und gehen schwatzend und entspannt zum Auto, derweil zieht der Hund mal dahin und mal hierhin, bestimmt Tempo und Richtung oder nimmt von sich aus an der Leine Kontakt zu den Artgenossen auf und die Hundeführer nehmen es nicht bewusst wahr. Ein solches Verhalten ist kontraproduktiv, denn es zerstört das Ergebnis der konzentrierten Arbeit auf dem Platz.

Überlegen Sie gemeinsam: Eventuell beendet der hektische Hund die Kursstunde früher oder geht einen anderen Weg zum Auto, was nicht immer ganz einfach ist, wenn mehrere Kurse hintereinander stattfinden und die einen kommen, die anderen gehen.

Arbeiten in der Kleingruppe

Ein aufgeregt reagierender Hund benötigt in der Regel mehr bzw. andere Lernschritte als die Hunde der Kursgruppe. Beispiel: Wenn die Hunde auf dem Übungsgelände gelernt haben an lockerer Leine zu gehen, steht vielleicht als nächstes ein Geländespaziergang oder eine Übungseinheit in der Stadt auf dem Programm. Dies mag für die meisten Teams aufregend sein, ist aber trotzdem bei vielen mit Lernerfolgen verbunden. Für ein Problemteam wird dieser „Ausflug" vermutlich mit der völligen Überforderung enden.

In einer kleinen Gruppe von max. 3–4 Teams können die Schwierigkeiten, welche die Teams mit den einzelnen Lernschritten haben, besser berücksichtigt werden.

Beispiel eines Stufenplans mit dem Lernziel „Gehen an lockerer Leine bei unterschiedlichen Ablenkungen":

Erst wenn die Hunde das Gehen an lockerer Leine zunächst im ruhigen vertrauten Umfeld und dann in der kleinen Gruppe im ruhigen, eventuell eingezäunten Übungsgelände erfolgreich meistern, darf mit Ablenkungen gearbeitet werden. Damit der Ablenkungsgrad sinnvoll gesteigert werden kann, listet man alle Faktoren auf, die für den einzelnen Hund eine Ablenkung darstellen. Wahrscheinlich reagieren die Hunde auf unterschiedliche Faktoren, deshalb muss selbst in dieser Kleingruppe differenziert werden. Für jedes Team wird ein individueller Plan erstellt, aus dem ersichtlich wird, welche Ablenkungsfaktoren in welcher Reihenfolge im Hundekurs und welche als Hausaufgabe (mit passender Anleitung und Kontrolle) trainiert werden.

Ablenkungen – Schritt für Schritt:

- Das Training könnte für kurze Sequenzen in das Gelände um den Übungsplatz verlegt werden. Dadurch ergeben sich neue optische und vor allem geruchliche Reize. Zunächst sollten sich dort noch keine weiteren Personen aufhalten.
- Zunehmend können sich in diesem Umfeld auch Personen, andere Hunde usw. aufhalten.
- Gelingt die Leinenführigkeit in diesem Umfeld gut, kann ein neues Gelände aufgesucht werden, beispielsweise ein ruhiger Waldparkplatz, eine Wiese o.Ä. Das Gelände muss groß genug sein und Ausweichmöglichkeiten bieten, falls dort zu viel Betrieb herrscht.
- Wechselweise wird dann der vertraute Waldparkplatz zu lebhafteren Zeiten aufgesucht oder an weiteren fremden, jedoch wenig frequentieren Plätzen geübt.
- Eine nächste Station wären wenig befahrene Straßen/Plätze in einem Industriegebiet.
- Dann könnte in einem ruhigen Wohngebiet trainiert werden, dann das Wohngebiet mit etwas mehr Aktivität.
- Weitere Steigerungen: ein Park, kurzer Stadtgang zu einer ruhigen Zeit usw. bis man sein Ziel erreicht hat.
- Gibt es Punkte, die für den einzelnen Hund eine besondere Schwierigkeit darstellen,

wie eine ganz bestimmte Umgebung, eine große Menschenansammlung oder ein gewisser Geräuschpegel, so sollten diese Problempunkte am besten gesondert geübt werden, ehe sie in das Programm eingebaut werden.

Überlegt handeln

Im Idealfall werden die Übungen so aufgebaut, dass der Hund die Aufgabe erfolgreich meistern kann. Trotz guter Vorüberlegungen wird es dennoch vorkommen, dass eine Aufgabe nicht gelingt oder der Hund doch hektisches Verhalten zeigt.

Je besser ein Hundebesitzer seinen Hund kennt, desto einfacher ist es für ihn, den Hund in bestimmten Situationen richtig einzuschätzen und vorausschauend zu handeln. Was wird ihn vermutlich ablenken? Welchen Abstand benötigt er? Orientiert er sich eher mit den Augen oder seiner Nase? Verfolgt er Spuren? Durch welche Maßnahmen kann er am schnellsten wieder unter Kontrolle gebracht werden?

Um kritische Situationen zu meistern, braucht der Hundeführer zunächst Unterstützung. So könnten Sie vorgehen:

- 1. Schritt: Übungsleiter erkennt die Aufregung des Hundes und leitet den Hundeführer entsprechend an.
- 2. Schritt: Übungsleiter erkennt die Aufregung des Hundes, es genügt ein vorher verabredetes Zeichen an den Hundeführer und dieser weiß dann selbstständig, wie er reagieren muss.
- 3. Schritt: Mit zunehmender Erfahrung und Training erkennt der Hundeführer rechtzeitig die Aufregung seines Hundes und reagiert bereits beim ersten Anzeichen, indem er dem Hund die richtige Hilfestellung gibt (z.B. größerer Abstand, ruhiges aber zügiges Weggehen aus der Situation, Signal zur Konzentration, welches der Hund bereits sicher erlernt hat).

„Blitzstarts“: Aufgeregte Hunde neigen dazu, „unvermittelt“ und ruckartig an der Leine zu ziehen, um zu einem für sie interessanten Objekt zu kommen. Hat der Hund die Erfahrung gemacht, dass dies gelingt, wird er es immer wieder versuchen. Deshalb ist es wichtig, sehr konzentriert zu arbeiten und auf „Blitzstarts“ vorbereitet zu sein. Halten Sie immer mindestens ein bis zwei Leinenlängen Abstand zu den anderen Teams, damit der Hund bei einem „Blitzstart“ zu anderen Hunden hin noch rechtzeitig gestoppt werden kann. Bei anderen Übungen leistet die längere Schleppleine gute Dienste, der Hund ist damit stets im Einwirkungsbereich seines Besitzers.

Am Besitzer hochspringen, in die Leine beißen usw. kann unterschiedliche Gründe haben.

Es kann ein Zeichen der inneren Anspannung oder Unsicherheit des Hundes sein, weil

Ob ein Verhalten des Hundes als störend und schwierig empfunden oder augenzwinkernd geduldet wird, hängt von der jeweiligen Situation und oft auch von der Einstellung des Besitzers ab.

er einer Aufgabe nicht gewachsen oder durch zu langes Üben überfordert ist. Reduzieren Sie die Aufgabenstellung, überprüfen Sie das Umfeld auf mögliche Ablenkungen und halten Sie den Hundeführer zu ruhigem Verhalten an. Möglicherweise trägt der Hundeführer seinen Teil zur Aufregung durch hektische Gestik, flatternde Kleidung oder unruhige Leinenführung bei.

Hat der Hund gelernt, durch diese Aktivität die Aufmerksamkeit seines Besitzers einzufordern? Geht der Besitzer darauf ein, wird der Hund in seinem unerwünschten Verhalten bestätigt. Selbst Schimpfen, Wegstoßen oder Kommandos bedeuten für den Hund ein Zeichen der Aufmerksamkeit seines Besitzers. Besser ist es, den Hund in solchen Fällen zu ignorieren, ihn also mit absoluter Nichtbeachtung zu behandeln. Meist geben die Hunde dann schnell auf, setzen sich irritiert hin oder zeigen Übersprungshandlungen wie Kratzen oder Gähnen.

Allerdings muss man eingestehen, dass es nicht ganz einfach ist, einen Hund in Boxer- oder Schäferhundgröße zu ignorieren, der einen unter massivem Körpereinsatz anspringt. Daher stellt sich bisweilen die Frage nach Alternativen.

Wenn es dem Hundeführer einfach nicht möglich ist (kräftemäßig oder mental), den aufgeregt hochspringenden, in die Leine oder Jacke beißenden Hund zu ignorieren, dann hilft es oftmals Hund und Besitzer kurzfristig zu trennen und damit die Interaktionen zu unterbrechen.

Trennen kann bedeuten: Der Hund wird an einer geeigneten Stelle (Baum, Zaun o.Ä.) angebunden (darauf achten, dass er sich nicht verletzten kann, Leinenlänge!) oder ins Auto gebracht. Der Besitzer geht einige Meter weg und beachtet den Hund nicht mehr.

Wichtig: Die Handlung muss zügig und ohne weitere Kommentare an den Hund geschehen. Der Hund wird erst wieder abgeholt, wenn er sich ruhig verhält. Manchmal ist er nach der Abholung nur wenige Minuten ruhig und muss dann wieder zurückgebracht werden. Die Zeitdauer, in der der Hund ruhig ist, sollte immer länger werden.

Was ist mit Strafe, wenn der Hund „rumspinnt“? Ein häufig gegebener Ratschlag ist, dass eine deutliche Einwirkung gegeben werden sollte, sobald der Hund anfängt zu bellen, am Besitzer hochzuspringen oder zu anderen hin zu ziehen. Dies können beispielsweise ein kurzer kräftiger Ruck an der Leine, verbunden mit dem Kommando „Nein“, oder irgendeine Geräuscheinwirkung sein. Ist der Hund daraufhin kurz ruhig, wird er in diesem Moment gelobt.

Verständlich, dass mancher Hundeführer dies nur zu gerne ausprobieren will. Schließlich hat er das Gefühl, sich nun „endlich mal durchzusetzen“ zu müssen.

Es gibt jedoch einige Punkte, die unbedingt beachtet werden müssen, bzw. auch gegen dieses Vorgehen sprechen:

1. Das „Timing“ muss unbedingt stimmen – in dem Moment, in dem der Hund mit seinem unerwünschten Verhalten **beginnt**, muss gehandelt werden.
2. Der Hund ist ja bereits aufgeregt bzw. beginnt sich aufzuregen, durch Strafe, heftige Einwirkung, laute Stimme o.Ä. regt sich der Hund unter Umständen noch mehr auf. Es kann dadurch außerdem zu Fehlverknüpfungen kommen: Der Hund verbindet das Training, die Umgebung, seinen Besitzer usw. mit Schmerz oder Schreck.
3. Auch wenn Timing und Strafintensität gut gewählt sind, so kann ein überschwängliches Loben alles wieder kaputt machen und den Hund so aufregen, dass er spätestens hier wieder sein altes unerwünschtes Verhalten zeigt.
4. Diese deutliche Einwirkung alleine wird keinen dauerhaften Erfolg bringen. Gleichzeitig dazu müssen das Lernumfeld und die Aufgabenstellungen dem Ausbildungsstand des Hundes angepasst werden (siehe auch Qualität vor Quantität).

Erschrocken und ängstlich

Angst ist nicht immer als negativ anzusehen, eine gewisse Vorsicht und Zurückhaltung gegenüber bestimmten Situationen oder Lebewesen kann durchaus von Vorteil für das Überleben sein. Ein Mangel an Angst kann unter Umständen gefährlich werden, beispielsweise wenn sich ein Hund draufgängerisch in alle möglichen Situationen stürzt.

Ein Übermaß an Angst führt zu allgemeiner Verunsicherung, der Hund steht häufig unter Stress, weil er sich Situationen ausgesetzt sieht, denen er nicht gewachsen ist. Dies kann das Wohlbefinden des Hundes deutlich beeinträchtigen.

Ängstliches Verhalten muss ein Hund nicht unbedingt durchgängig zeigen. Bei vielen beschränkt sich die Unsicherheit und Ängstlichkeit auf bestimmte Bereiche, andere machen ihnen nichts oder wenig aus. Es gibt Hunde, die nur im optischen oder akustischen Bereich unsicher und schreckhaft sind. Anderen wieder machen weder Donnergrollen, Schussgeräusche oder flatternde Straßenabsperrungen Angst, sie verhalten sich jedoch äußerst unsicher, wenn sie auf fremde Hunde oder bestimmte Menschen treffen.

Mögliche Ursachen für ängstliches Verhalten

- Genetische Disposition
- Umweltunsicherheit, soziale Unsicherheit aufgrund unzureichender Habituation (Gewöhnung an die Umwelt) und Sozialisation (Gewöhnung an Sozialpartner)
- Reaktion auf akute Bedrohung durch andere Hunde oder Menschen
- Erlerntes Verhalten, Angst vor bestimmten Situationen oder Reizen aufgrund schlechter Erfahrungen (hier reicht unter Umständen eine einmalige Erfahrung aus, um verallgemeinert zu werden)

Gut gemeint, aber nicht hilfreich: Liebevolles Tätscheln kann die ängstliche Grundstimmung dieses Hundes nicht aufheben, sondern verstärkt sie eher.

- Erlerntes Verhalten: Angst wird durch unpassendes Verhalten des Besitzers verstärkt
- Organische Ursachen: Kann der Hund aufgrund von Seh- oder Hörproblemen eine Situation nicht richtig einschätzen, verunsichert ihn dies. Hunde mit Dauerschmerz – verursacht durch Gelenkprobleme o.Ä. – können ebenfalls unsicher oder schreckhaft reagieren, wenn sie befürchten angefasst zu werden oder sich jemand schnell auf sie zubewegt.

Schreckhaftigkeit betrifft häufig Hunde mit einem sensiblem Sensorium (z.B. Hütehunde) oder zeigt sich während einer bestimmten Lebensphase. Bei vielen Hunden ist während der Pubertät verstärkt mit Schreckhaftigkeit zu rechnen, auch Welpen können zeitweise sehr schreckhaft reagieren.

Die Hunde sind nicht generell ängstlich, erschrecken jedoch bei intensiven, plötzlich auftretenden oder für sie ungewohnten Reizen. Sie entspannen sich ebenso schnell wieder, wenn der Reiz weg ist oder sie ihn als „ungefährlich" eingestuft haben. Manche nähern sich beispielsweise nach einer Schrecksekunde der Reizquelle, um sie zu untersuchen oder sie ignorieren sie und gehen dann weiter ihrer Beschäftigung nach.

Das schreckhafte Verhalten kommt für viele Hundeführer überraschend, manche jungen Hunde gehen wochenlang an allem problemlos vorbei, um dann plötzlich vor diesem oder jenem zurückzuschrecken. In dieser Zeit muss beim Training und in Alltagssituationen große Umsicht und Sorgfalt herrschen und die Belastbarkeit des Hundes richtig eingeschätzt werden, damit es nicht zu Fehlverknüpfungen kommt.

Das Training

Gelassenheit und Ausdauer des Besitzers und ein überlegter Umgang mit den angstauslösenden Situationen über einen längeren Zeitraum hinweg, sind die Grundvoraussetzung für einen Lernerfolg.

Im Gruppenunterricht ist es meist recht schwer, die erforderlichen Trainingsbedingungen zu schaffen, deshalb benötigen die meisten Teams zunächst ein Einzeltraining. Hat der Hund einen gewissen Trainingsstand erreicht,

Fördern oder überfordern? Damit sich ein Trainingserfolg einstellen kann, müssen die angstauslösenden Reize überlegt eingesetzt werden ...

können unter Umständen die Kursgruppe oder auch nur einzelne Teams als sinnvolle und kontrollierbare Ablenkung genutzt werden.

Beobachten ohne zu übertreiben

Damit das Training richtig dosiert wird und der Hundeführer passend reagieren kann, müssen Übungsleiter und natürlich auch Hundeführer die Angstzeichen des Hundes rechtzeitig bemerken.

Anzeichen von deutlicher Angst werden fast immer wahrgenommen. Es bedarf jedoch genauer Beobachtung und auch etwas Erfahrung, um die kleinen Signale von Unsicherheit, die oft nur ganz kurz gezeigt werden, zu erkennen. Es ist beispielsweise nicht einfach, bei stark behaarten Hunden minimale Veränderungen der Körperhaltung oder Gesichtsmimik zu bemerken.

Der Hund soll aber keinesfalls immer mit Argusaugen beobachtet werden. Erstens ist der Mensch sonst schnell überfordert, zweitens wird sonst jedes Ohrzucken sofort als „Zeichen" gewertet. Außerdem merkt natürlich der Hund, dass er im Fokus steht, dass ihm ständig Aufmerksamkeit geschenkt wird und meint deshalb, jede Situation wäre etwas Besonderes.

Es ist wichtig, herauszufinden, in welchen Situationen der Hund aller Wahrscheinlichkeit nach ängstlich oder schreckhaft sein wird, um auf eine entsprechende Reaktion des Hundes vorbereitet zu sein und passend zu reagieren.

Körpersignale bei Angst:

- geduckte Körperhaltung
- tief getragene, teilweise eingeklemmte Rute
- Haare hochgestellt über den ganzen Rücken
- gehemmte Bewegungen
- Zurückweichen, Ausweichen
- Flucht
- Erstarren
- Knurren, Bellen (Maulspalte lang und Ohren angelegt)
- Abwehrschnappen

Umgang mit dem unsicheren Hund

Ängstliche Hunde werden häufig bedauert, getröstet und bemitleidet, ob vom Besitzer oder von den anderen Kursteilnehmern. Beson-

... deshalb ist es wichtig, die angstauslösenden Reize zu kennen, das gilt besonders für Übungsstunden außerhalb des vertrauten Geländes.

Ein ängstlicher Hund, der sich bedrängt fühlt, kann auch zubeißen.

ders nach einem traumatischen Erlebnis (z.B. Beißerei, Unfall) oder nach einem heftigen Schreck (Silvesterknallerei o.Ä.) neigen viele Hundebesitzer dazu, besonders liebevoll, mitfühlend und vorsichtig mit dem Hund umzugehen. Der Rat: „Lassen Sie den Hund einfach in Ruhe, beachten Sie seine Angst nicht und gehen Sie nicht darauf ein!“, klingt für viele hart und gefühllos. Meist ist dies aber genau die richtige Strategie!

Der Besitzer als Vorbild. Weil sich Hunde überwiegend durch optische Signale verständigen, beobachten sie auch ihre Menschen sehr genau und versuchen deren Stimmung und Absichten anhand ihrer Mimik, Gestik, Körperhaltung zu erfassen. Der Hundeführer sollte sich also bewusst sein, dass er durch sein Verhalten und seine Körpersprache dem Hund wichtige Hinweise gibt, wie man sich in einer bestimmten Situation verhalten könnte:

- Ein gelassener und entspannt agierender Besitzer kann dem Hund signalisieren, dass die Situation nicht schlimm ist. Deshalb sollte der Hundeführer in jedem Fall ruhig bleiben, auch wenn er die Angst seines Hundes nicht nachvollziehen kann oder sich über seinen ängstlichen Hund ärgert, weil er vielleicht viel lieber einen Draufgänger hätte.
- Damit der Besitzer eine Vorbildfunktion einnehmen und der Hund sich an ihm orientieren kann, muss eine stabile Vertrauensbeziehung zwischen den beiden herrschen. Stimmt diese Beziehung nicht oder zeigt der Hund gar Unsicherheit gegenüber seinem Besitzer, so muss unter fachkundiger Anleitung an einer Verbesserung gearbeitet werden.
- Der Hundeführer muss die eigene Schreckhaftigkeit im Griff haben. Wenn er jedesmal erschrocken zusammenfährt, wenn neben ihm eine Tüte raschelt, braucht er sich nicht zu wundern, dass sein Hund irgendwann ebenfalls schreckhaft reagiert oder seine Unsicherheit nie ablegt. Ist der Hundeführer in bestimmten Bereichen stark schreckhaft (z.B. bestimmte Geräusche) oder in bestimmten Situationen (Begegnungen, Gehen im dunklen, einsamen Wald) sehr ängstlich, so sollte das Training zunächst von einer anderen Person durchgeführt werden.

Missverständnisse vermeiden

- Der Hundeführer möchte seinem Hund zeigen, dass eine Situation ungefährlich oder ein Objekt harmlos ist und widmet der „gefährlichen“ Sache sehr viel Aufmerksamkeit, geht hin, tätschelt, redet und versucht den Hund dahin zu locken.
  Dieses Besitzerverhalten bewirkt beim Hund oftmals aber genau das Gegenteil – denn dieser interpretiert es genau anders herum. Für den Hund bedeutet es: Wenn der Hundeführer der Situation bzw. dem Objekt so viel Bedeutung beimisst, es so stark beachtet und sich so anders verhält als in sonstigen Alltagssituationen, dann muss dies ja etwas Besonderes sein. Er fühlt sich in seinen Reaktionen bestärkt und beobachtet die Situation weiterhin erst recht mit viel Vorsicht.
- Der Hundeführer tröstet seinen Hund mit liebevollen Worten. Er verstärkt damit aber unbeabsichtigter Weise die Angstempfindung und bestärkt den Hund darin, dass sein gerade gezeigtes Verhalten genau die richtige Reaktion auf diese Situation ist.
- Der Hundeführer möchte seinem Hund mit energischem Verhalten klarmachen, dass

sein ängstliches Verhalten völlig unangebracht und unnötig ist. Er ruckt an der Leine, schimpft usw. Was bemerkt hier der Hund?
Der Besitzer reagiert mit Anspannung und leichter Aggression, also hält er die Situation offenbar auch für unsicher oder gar gefährlich. Das bestätigt den Hund darin, dass sein vorsichtiges Verhalten durchaus angebracht ist. Oder lehrt ihn, dass Angespanntheit und ein gewisser Grad an Aggression eine Möglichkeit ist, mit solchen Situationen umzugehen.

Was tun in der Angstsituation?

Krisenmanagement:

- Ruhig auf den Hund einwirken, keine hektischen Anweisungen oder Strafreize,
- dem Hund durch eigenes Verhalten und Körpersprache Sicherheit vermitteln,
- ängstliches Verhalten ignorieren, auf keinen Fall trösten oder bedauern.

Je nach Hund und Situation:

- Dem Hund immer die Möglichkeit zum Ausweichen geben, aber nicht panikartig die Flucht ergreifen.
- Gelassen aus der angsteinflößenden Situation weggehen.
- Dem Hund die Chance geben, die Reizquelle zu erkunden. Dabei muss Besitzer das Vorbild des Hundes sein, d.h. er verhält sich neutral oder untersucht selbst sehr gelassen den Gegenstand. Bei diesem Vorgehen bestimmt der Hund das Lerntempo: Er darf auf keinen Fall gezwungen werden, sich der Reizquelle zu nähern.

Trainingsaufbau

Grundsätzlich gibt es mehrere Möglichkeiten, mit einem ängstlichen Hund zu trainieren. Als Anregung möchten wir hier zwei Methoden ansprechen, die bei ängstlichem Verhalten gute Erfolgschancen haben. Es ist jedoch immer nötig, dass Sie Ihr Vorgehen sehr genau auf das Problem und die vorhandenen Trainingsmöglichkeiten abstimmen.

Ein sinnvoller Trainingsaufbau kann nur dann stattfinden, wenn die angstauslösenden Reize während der Trainingszeit beeinflusst werden können. Das bedeutet, sie dürfen nicht unkontrolliert und für alle unerwartet auftreten. Sondern werden bewusst zugefügt, in genau der Dosierung, die der Hund von seinem Ausbildungsstand her noch bewältigen kann.

Abseits der Gruppe kann sich das Team in Ruhe an die Bedingungen auf dem Übungsgelände gewöhnen.

Gegenkonditionierung

Es kann eine positive Verknüpfung zum Angstobjekt hergestellt werden. Trainingsziel ist, dass der ursprünglich angstauslösende Reiz eine freudige Erwartung beim Hund hervorruft.

Vorgehensweise in Kurzform:

- Der angstauslösende Reiz wird in so abgeschwächter Form oder großer Entfernung geboten, dass er höchstens geringe Angst oder Unsicherheit hervorruft.
- Jedesmal, wenn der Hund auf diesen abgeschwächten Reiz trifft, bekommt er eine besondere Belohnung und zwar **noch ehe** er eine Angstreaktion zeigen kann. Der Reiz wird für ihn zunehmend zum Signal für eine Belohnung. Diese Übungsstufe wird so häufig wiederholt, bis der Hund sich über den ehemals angstauslösenden Reiz freut, weil er gelernt hat, dass diesem eine Belohnung folgen wird.
- In kleinen Schritten wird dann die Intensität des Reizes gesteigert.
- Zum nächsten Schritt darf wirklich erst dann übergegangen werden, wenn der Hund den vorhergehenden ohne Angst und mit freudiger Erwartung auf die Belohnung meistert.
- Damit das Verhalten generalisiert wird, sind viele Wiederholungen in unterschiedlichen Umgebungen nötig.
- Auch nach erfolgreichem Training muss der Hund beim Anblick des ehemals mit Angst verbundenen Reizes weiterhin belohnt werden, sobald er eine freudige Erregung zeigt, damit das erwünschte Verhalten beibehalten wird.

Systematische Desensibilisierung

Die Angst wird in sehr kleinen Lernschritten abgebaut. Trainingsziel: Der Hund gewöhnt sich an den angstauslösenden Reiz. Häufig lässt sich mit dieser Methode Schreckhaftigkeit und Angst vor Geräuschen mildern.

Diese Trainingstechnik ist sehr zeitraubend, bedarf vieler Trainingseinheiten und eines guten Managements, damit der Hund dem angstauslösenden Reiz nie unkontrolliert begegnet.

Vorgehensweise in Kurzform:

- Der mit Angst verbundene Reiz wird in so abgeschwächter Form angeboten, dass der Hund ihn gerade noch wahrnimmt, jedoch keine Angstreaktion zeigt.
- Der Besitzer bleibt neutral und gelassen, dieser Reiz ist jetzt einfach da.
- In manchen Fällen kann das ruhige Verhalten des Hundes belohnt werden. Dies sollte aber unter Anleitung eines erfahrenen Trainers geschehen, damit keine Fehlverknüpfungen passieren und der Hund womöglich erst durch die Belohnung auf die Besonderheit der Situation aufmerksam gemacht wird.
- Schrittweise wird nun die Intensität des Reizes gesteigert, aber immer nur so weit, dass er unter der angstauslösenden Schwelle bleibt.
- Damit sich der Hund nicht nur in einer bestimmten Übungsumgebung an die „Gefahr" gewöhnt, muss die Gewöhnung auch an vielen anderen Orten stattfinden, ebenfalls wieder in kleinen Lernschritten. (Beispiel: Gewöhnen an Geräusche nicht nur im Wohnzimmer, sondern auch auf der Terrasse, Garten, Straße, Wiese, Wald, in Anwesenheit von unterschiedlichen Dingen und Personen, zu unterschiedlichen Tageszeiten usw.).
- Auch nach erfolgreichem Training muss der Hund immer mal wieder in unregelmäßigen Abständen diesem Reiz ausgesetzt werden, damit das Erlernte auch beibehalten wird.

In der Kurssituation

Die Teilnahme an einem Gruppenkurs ist nur dann sinnvoll, wenn

- das Problem im Rahmen einer Einzeltherapie soweit vorgearbeitet wurde, dass im

Verlauf der Kursstunde kaum oder nur wenig ängstliches Verhalten zu erwarten ist.
- der Hund in einer möglichen Angstsituation noch ansprechbar ist und motiviert werden kann.
- der Besitzer bereits gelernt hat, mit eventuell auftretendem ängstlichen Verhalten richtig umzugehen.
- die passenden Trainingsbedingungen vorhanden sind (räumliche Situation, Zeit für nötige Anleitung, eventuell Ausbildungshelfer usw.).
- der Kursablauf durch den ängstlichen Hund nicht über Gebühr gestört oder eingeschränkt wird.

Trainingsbedingungen

Die angsteinflößenden Reize müssen bekannt sein, kontrolliert bzw. in der Stärke dosiert angeboten werden können. Finden die Übungsstunden außerhalb des vertrauten Übungsplatzes statt, sei es im Gelände oder in der Stadt, muss dieser Punkt besonders berücksichtigt werden.

Besprechen Sie mit dem Hundeführer, wie er sich verhalten soll, wenn eine Aufgabe für ihn nicht geeignet ist. Reicht es aus, etwas Abstand einzuhalten, sollte das Team in dieser Zeit abseits für sich üben oder ist es erforderlich das Gelände zu verlassen, weil die Reize, die von dieser Übung ausgehen, zu stark sind oder nicht genau kontrolliert werden können.

Zeigen Sie im Vorfeld auf, welche räumlichen Möglichkeiten zur Verfügung stehen, wohin sich der Hundeführer zurückziehen könnte und welche Plätze er für sein Training nützen kann.

Ausweichen muss möglich sein, deshalb sind kleine Gruppen oder ein größeres, strukturiertes Übungsgelände sinnvoll.

Ein ausreichender Abstand zu anderen Teams bzw. Artgenossen ist bei schreckhaften Hunden besonders wichtig. Hier könnte es sonst auch zu Auseinandersetzungen kommen, wenn beispielsweise der Hund vor etwas erschrickt, auf die Seite springt und dabei einem Artgenossen zu nahe kommt.

Es muss sichergestellt sein, dass das Team die Gruppe und die Trainingssituation sofort verlassen kann, wenn erste Anzeichen einer Überforderung auftreten.

Die Teilnehmer der Übungsgruppe müssen auf die Besonderheiten des ängstlichen Hundes hingewiesen werden und bereit, bzw. dazu in der Lage sein, auf die Ansprüche des Hundes Rücksicht zu nehmen.

Ungünstig sind die Anwesenheit von allzu forsch auftretenden Teilnehmern, laute Kommandos, drastische Körperbewegungen oder aggressive oder sehr hektische Artgenossen. Dies könnte einen ängstlichen Hund noch mehr verunsichern.

Verhaltensmaßregeln im Umgang mit dem ängstlichen Hund:
- Abstand zum ängstlichen Hund halten.
- Nicht bedrängen, nicht anfassen.
- Keine unruhigen, schnellen Bewegungen in seine Richtung machen.
- Stimme nicht laut werden lassen.

Hund verweigert, Hundeführer schwankt zwischen Hilflosigkeit, Zorn und Verzweiflung. Jetzt ist Ihre sofortige Hilfestellung gefragt!

Aufgaben an den Hund anpassen

Reagiert der Hund unsicher bei optischen und akustischen Reizen, so können auch auf dem Übungsplatz eine Menge Dinge Angst verursachen: Geräusche, Gegenstände wie klappernde Türen, Absperrbänder am Parkplatz oder der Traktor auf dem Acker nebenan. Die Angst vor diesen Dingen sollte in gesonderten Übungseinheiten abgebaut werden. Der Besitzer könnte seinen Hund außerhalb des Übungsbetriebs in Ruhe und schrittweise an die Furcht einflößenden Reize gewöhnen. Wenn ein Hund gerne mit anderen zusammen ist, hilft es manchmal, einen befreundeten furchtlosen Hund mitzunehmen, der ein gelassenes Vorbild für den ängstlichsten Hund sein kann.

Schritt für Schritt. Ein allgemein ängstlicher und unsicherer Hund sollte langsam und schrittweise an das Kursgeschehen herangeführt werden.

Der Besitzer übt dazu mit seinem Hund gleichzeitig während des Hundekurses, hält aber etwas räumlichem Abstand ein. Er führt überwiegend die Übungen aus, bei denen der Hund sich auf ihn konzentrieren muss. Erst wenn der Hund hierbei kein ängstliches Verhalten mehr zeigt, wird die Anforderung schrittweise gesteigert. Das bedeutet, das Team nähert sich bei seinen Übungen immer wieder mal der Gruppe, ohne direkt in oder mit der Gruppe zu üben. Wenn der Hund diese kurzen Abstecher zur Gruppe ohne Anzeichen von Angst mitmacht, kann sich das Team bei passenden Aufgaben in die Gruppe einordnen. Der Besitzer muss seinen Hund dabei genau beobachten und die Gruppenarbeit beenden, ehe der Hund wieder deutliche Anzeichen von Angst zeigt. Dies kann bei Trainingsbeginn schon nach einer Übung der Fall sein.

Geeignete Aufgaben sind Übungen, bei denen der Hundeführer einzeln für sich oder mit etwas Abstand zur Gruppe trainiert. Gruppenübungen sollten anfangs eher ruhig verlaufen und nur kurz dauern. Gut geeignet sind in der Regel Übungen, die der Hund mit großer Begeisterung gerne ausführt. Übungen mit Bewegung helfen beim Stressabbau.

Manche Hunde können über gezielt eingesetzte Aktionen ihre Angst vergessen. Reagiert ein Hund ängstlich und unsicher auf Menschen, macht aber gerne Agility oder Gerätearbeit, so kann diese Vorliebe genutzt werden. Wenn zunächst etwas abseits geübt wird, beschäftigt ihn die Gerätearbeit dermaßen, dass er die am Rande vorkommenden Menschen gar nicht mehr so wichtig nimmt.

Zunächst eher ungeeignet sind Gruppenübungen, bei denen Hunde und Menschen dicht aneinander vorbeigehen, direkt aufeinander zukommen oder dicht nebeneinander verharren müssen. Auch Übungen, bei denen viel Aktion angesagt ist und dadurch bedingt die Erregung von Hund und Mensch ansteigt, sind ungünstig, weil sich der Hund hier sehr schnell bedrängt oder bedroht fühlen kann.

Aufpassen muss man bei bewusst „alltagstauglich“ gehaltenen Übungen. Diese sind in vielen Kursprogrammen zu finden und auch sinnvoll, weil die Kursteilnehmer eben einen alltagstauglichen Hund haben möchten. Für einen unsicheren Hund sind jedoch Aufgaben wie Begrüßungen, Anfassen des Hundes, Begegnungen mit Joggern, klingelnden Fahrradfahrern oder Übungen mit Alltags-Ablenkungen wie Flatterbändern, Regenschirmen usw. eine zu große Belastung. Hier sollte das Team pausieren oder nur sehr kontrolliert daran teilnehmen.

Reaktionen beobachten: Es kann vorkommen, dass ein Hund die Übungsstunde noch meistert, danach aber mit körperlichen Symptomen wie Unruhe, Durchfall oder Erbrechen zeigt, dass die Belastung für ihn zu groß war. Dem muss dann beim folgenden Training Rechnung getragen werden, indem beispielsweise die Übungssequenzen noch kürzer gehalten und mehr Pausen gemacht werden oder die Konfrontation mit den angstauslösenden Reizen noch langsamer gesteigert werden.

Aggressives Verhalten (an der Leine)

Aggressives Verhalten ist ein ganz normaler Bestandteil des Sozialverhaltens von Hunden und macht aus Hundesicht durchaus Sinn. So möchte der Hund z.B. durch sein Drohverhalten dem Gegenüber mitteilen, dass er notfalls auch bereit wäre, seinen Forderungen durch weitere Mittel (körperliche Gewalt) Nachdruck zu verleihen. Dies gilt sowohl für das Angriffsdrohen – der Hund möchte eine für ihn wichtige Ressource verteidigen oder für sich beanspruchen – als auch für das Abwehrdrohen. Hierbei empfindet der Hund eine Situation als bedrohlich und hat Angst um Leib und Leben. Und je deutlicher, also ausgefeilter ein Hund droht, desto eher versteht sein Gegenüber (sofern es ein Artgenosse ist) diese Botschaft und ernstere Auseinandersetzungen können deshalb oftmals vermieden werden.

Mögliche Ursachen für aggressives Verhalten:

- Gesundheitliche Probleme
- Hormoneller Status/ Pubertät
- Genetische Disposition
- Angst, Unsicherheit aufgrund mangelnder Sozialisation oder gemachter Erfahrungen
- Erwerb oder Erhalt einer Ressource: Alles, was dem Hund wichtig ist, kann eine Ressource sein, die er verteidigen oder bekommen möchte (mögliche Ressourcen: sozialer Status, Futter, Beute, Spielzeug, Territorium, Sozialpartner, körperliche Unversehrtheit, usw.)
- Überforderung
- Erlerntes Verhalten, Frustration

(K)ein Fall für den Hundekurs?

So mancher Hundebesitzer kommt hilfesuchend in einen Erziehungskurs, weil sich sein Hund gegenüber Artgenossen oder Personen aggressiv und angespannt verhält. Und jeder Ausbilder kennt Übungssituationen, in denen Hunde gedroht haben.

Manche Teams mit diesem Problem möchten gerne in einer Gruppe trainieren, weil es

Hier haben die Hunde schon längst die Führung übernommen, während die Menschen noch ratlos zögern.

„Normalität" signalisiert, anderen ist das Verhalten ihres Hundes peinlich oder sie fühlen sich in einer Gruppe überfordert. Ob ein Hund mit Aggressionsbereitschaft wirklich von einer „normalen" Übungsgruppe profitiert, muss von Fall zu Fall entschieden werden.

Distanzvergrößerung ...

Auch wenn Sie als Übungsleiter einem Team gerne helfen möchten, so ist es doch wichtig, die eigene Kompetenz und die zur Verfügung stehenden Möglichkeiten realistisch einzuschätzen und abzuklären, ob das aggressive Verhalten im Rahmen eines Kurses oder in vorbereitenden Einzelstunden überhaupt sinnvoll therapiert werden kann. Man tut Hund und Besitzer keinen Gefallen, wenn man dies in allen Fällen versucht. Fehler führen oftmals nicht nur zu einer Steigerung des Problems, sondern auch zu gefährlichen Situationen.

Außerdem geht es beim Problem „Aggression" nicht nur darum, den Hund zu therapieren. Ein wichtiges Ziel ist auch zu vermeiden, dass andere durch das Training geschädigt werden.

Chancen im Kurs

Im Rahmen dieses Buches beschränken wir uns auf das aggressive Verhalten an der Leine gegenüber anderen Hunden oder Menschen.

... Ausweichen, souveränes Weggehen oder Abwenden gehört zum Verhaltensrepertoire eines Hundes.

Erstens wird der Ausbilder hier häufig um Anleitung gebeten. Zweitens können viele Fälle von Leinenaggression mit den passenden Maßnahmen und Voraussetzungen im Rahmen von Hundekursen bzw. vorangegangenem Einzeltraining durchaus gebessert werden.

Wissenswertes zur Leinenaggression

Sie entwickelt sich häufig schleichend und viele Besitzer reagieren anfangs kaum auf das zunächst vereinzelt vorkommende aggressive Verhalten ihres Hundes. Es finden sich ja auch fast immer Erklärungen dafür: Es war dunkel, der Hund ist erschrocken, der Spaziergänger ist so plötzlich um die Ecke gebogen, der entgegenkommende Artgenosse war schwarz und hat gebellt usw. Zunehmend häuft sich jedoch das aggressive Verhalten und der Besitzer steht „plötzlich“ vor einem Problem.

Leinenaggression entsteht in den meisten Fällen durch ein Zusammenspiel von verschiedenen Faktoren. Je besser man diese erkennt, desto besser kann das Training darauf abgestimmt werden.

Ursache: Unsicherheit. Manche Hunde übernehmen das angespannte oder unentschlossene Verhalten ihrer Besitzer bei Begegnungen oder trauen diesem nicht zu, dass er die Situation richtig einschätzt und unter Kontrolle hat. In der Zeit der Pubertät wissen manche Jungrüden noch nicht so richtig, wie sie sich passend verhalten sollten, sie fühlen sich von jedem gleich angegriffen und möchten Kontra geben. Souveräne Gelassenheit ist ihnen noch nicht so vertraut.

Ursache: Distanz. In vielen Fällen möchte der Hund mit seinem aggressiven Verhalten eine gewisse Distanz zum Gegenüber erreichen. Die Beweggründe dafür können sehr unterschiedlich sein.

Sozial unsichere Hunde fühlen sich oftmals nicht wohl, wenn sie sehr eng an anderen vorbeigehen sollen oder wenn ein Artgenosse oder eine Person direkt auf sie zukommt.

Ein häufiger, aber nur wenig beachteter Aspekt ist der eingeschränkte Freiraum. Viele Hunde können im Freilauf recht gut mit Artgenossen umgehen und nehmen auch Passanten nur so nebenbei wahr. Sind sie jedoch angeleint, kommt es zu aggressivem Verhalten bei Begegnungen. Im Freilauf kann ein etwas unsicherer oder ein nicht an Kontakt interessierter Hund den Abstand zum Gegenüber einhalten, der ihm als angemessen erscheint. Bei Begegnungen an der Leine wird die Distanz durch die Leinenlänge und den Weg des Besitzers vorgegeben. Manche Hunde versuchen den geringen, ihnen noch verbliebenen Freiraum zum Ausweichen zu verwenden; sie schauen weg, zeigen Beschwichtigungssignale oder drängen zur Seite.

Wichtig: Werden die Ausweich-Bemühungen des Hundes vom Besitzer nicht wahrgenommen oder als Ungehorsam (Hund wechselt plötzlich die Seite, verlässt die Fußposition usw.) angesehen, dann beginnt oftmals ein „Teufelskreis“. Weil das angestrebte Ziel, also eine Distanzvergrößerung, auf diese Weise nicht möglich ist, wird der Hund bei den nächsten Begegnungen mit großer Wahrscheinlichkeit weitere Mittel einsetzen: Drohsignale, Knurren oder Angriff. Das Ergebnis ist, dass der andere ausweicht.

Nach mehreren ähnlich ablaufenden Begegnungen hat der Hund gelernt, dass Ausweichen nicht zum gewünschten Ziel führt und wird es zunehmend unterlassen. Er hat auch gelernt, dass ein Angriff immer zum gewünschten Ziel führt, denn der andere vergrößert die Distanz und schließlich ist sich der Hund seiner Taktik sicher – seine Körpersprache ist offensiv-aggressiv.

Das Fatale an der Sache ist, dass der Besitzer zumindest anfangs von der Situation überrascht wird und meist etwas ungeschickt reagiert. Versucht er seinen Hund zu beruhigen und zu beschwichtigen, so bestätigt er ihn eher in seinem Tun. Entschuldigungen und

Erklärungen an das Gegenüber belassen den Hund in der als eng empfundenen Situation. Auch eine Bestrafung des Verhaltens führt nicht zur Unterlassung des unerwünschten Verhaltens, denn das gewünschte Ziel des Hundes – nämlich eine Distanzvergrößerung durch den anderen wird immer erreicht, ehe die Bestrafung stattfindet.

Ursache: Hundekurse/Hundetreffs. Genau genommen sind nicht die Hundekurse „schuld", sondern eher die Entwicklung, die in manchen Fällen daraus für Hund und Mensch entsteht. Dies ist nicht auf den ersten Blick einleuchtend. Einige Hundebesitzer treffen sich ja genau deshalb mit anderen oder besuchen die Hundekurse, um einem Aggressionsproblem vorzubeugen oder daran zu arbeiten.

Aber durch die Art der Aufgabenstellung wird in vielen Übungssituationen die für den Hund noch akzeptierbare Distanz zum Gegenüber unterschritten. Für Hunde, die einen gewissen räumlichen Abstand zueinander benötigen, bedeutet dies erheblichen Stress und es ist oft nur eine Frage der Zeit, bis der Hund die Distanzunterschreitung nicht mehr tolerieren kann und mit aggressivem Verhalten darauf reagiert.

Kommt dann noch eine Überforderung des Hundes (zu lange Trainingsdauer, Gruppenzusammensetzung) oder eine Verunsicherung durch die Aktionen des Besitzers hinzu, so lernt mancher Hund, dass immer beim Zusammentreffen mit Artgenossen bei allen Beteiligten eine Angespanntheit aufkommt, auf die er mit Vorsicht oder auch mit aggressivem Verhalten reagieren kann.

Oder durch die verschiedenen Hundetreffs wird dem Besitzer signalisiert, dass Hundebegegnungen nötig sind, also macht man das auch, obwohl man vielleicht in manchen Alltagssituationen aus einem Bauchgefühl heraus ausweichen oder den Hund nicht immer zu jedem anderen lassen würde. Denn nicht für jeden Hund sind diese eher zufälligen Begegnungen günstig.

Manche Hunde sind ohne Hilfe schnell damit überfordert oder nicht in der Lage, im Umgang mit Artgenossen ein passendes Verhalten zu zeigen. Fehlreaktionen oder auch aggressives Verhalten sind vorprogrammiert (siehe auch Kap. 3, S. 29). Diese Angespanntheit und Aggression kann sich generalisieren und der Hund reagiert bei weiteren Begegnungen bereits „vorbeugend".

Es ist wichtig abzuwägen, wann man vielleicht übervorsichtig ist und dem Hund eine Begegnung vorenthält, bei der er entspannten Umgang mit Artgenossen üben könnte, und wann man besser darauf verzichtet, weil der eigene Hund damit überfordert wäre.

Und: Frustration ist ein häufiger Beweggrund für aggressives Verhalten an der Leine. Oftmals stellen Hundebesitzer mit Erwachsenwerden ihres Hundes fest, dass ihr ehemals so netter Hund überhaupt nicht mehr „friedlich" an der Leine auf andere Hunde zugeht, obwohl sie doch schon seit Welpenalter unterschiedlichste Hundetreffen hatten. Aber genau da liegt für manche Hundepersönlichkeiten das Problem. Immer durfte der Hund zu den Artgenossen, wurde vielleicht noch dazu ermuntert. Grenzen oder Regeln gab es kaum oder sie waren nicht für den Hund erkennbar. Hat er als Junghund zum Artgenossen hingezogen, so ließ es der Besitzer geschehen oder beeilte sich die Leine abzumachen. Irgendwann entstand beim Hund die Verknüpfung: einen Artgenossen sehen, bedeutet Kontakt, bzw. selber zu entscheiden, wie die Begegnung abläuft (spielen, aus dem Weg gehen usw.).

Nun wird dieses beim älter gewordenen Hund plötzlich unterbunden, weil Kontakt oder Spielen nicht mehr in jeder Situation möglich ist und der Besitzer die Regeln vorgeben möchte oder das Team gerade trainiert. Wenn der Hund daran gehindert wird, seinen Zielen nachzugehen, seine eigenen Entscheidungen zu treffen, dann ist aggressives Verhalten eine seiner Möglichkeiten darauf zu reagieren (siehe auch Kapitel 1, S. 12).

Trainingsbausteine: In vielen kleinen Schritten zum Erfolg

Viele Besitzer erhoffen sich vom Training, dass sich ihr Hund bei Leinenbegegnungen freundlicher verhält, nicht jeden entgegenkommenden Artgenossen oder Passanten anknurrt und im Hundekurs problemlos an den anderen Teams vorbeigeht.

Die erreichbaren Ziele müssen jedoch sehr realistisch gesehen werden. Hunde, die gegenüber Artgenossen oder Menschen nicht sehr verträglich sind, werden vielleicht nicht lernen, plötzlich andere Hunde oder alle Menschen zu lieben. Sie können aber oft lernen, die anderen nicht zu beachten und ihnen aus dem Weg zu gehen. Das Training sollte in erster Linie darauf abzielen, dass das Team im Alltag gut zurecht kommt.

Sinnvoll ist zunächst immer ein Einzeltraining:

- Der Besitzer überprüft seinen Umgang mit dem Hund (nicht nur beim Training!). Nur wenn der Hund ihn als berechenbar und konstant im Verhalten wahrnimmt, wird er sich in kritischen und aufregenden Situationen an ihm orientieren.
- Der Besitzer lernt, seinen Hund genau zu beobachten und das gezeigte Verhalten richtig zu interpretieren.
- Die erforderlichen Trainingstechniken werden erklärt und geübt.
- Ein Management für Alltagssituationen wird besprochen.
- Die Trainingsumgebung und die Trainingspartner können exakt auf den Ausbildungsstand des Teams abgestimmt werden.

Eine solide Basis schaffen

Beginnen Sie nicht gleich mit den „gefürchteten“ Begegnungen. Ein vorbereitendes Training hilft dem Hundeführer bestimmte Verhaltensweisen zu erkennen, mehr Sicherheit zu gewinnen und seinen Hund besser einzuschätzen.

Gelassenheit bewahren. Ruhiges Arbeiten und sicheres Auftreten des Besitzers ist mitentscheidend für den Erfolg. Dies ist jedoch gar nicht so einfach: Viele Besitzer aggressiver Hunde haben schon recht unliebsame Situationen erlebt. Sie haben nun Angst vor jeder neuen Situation, in der ihr Hund wieder aggressiv reagieren könnte. Deshalb sind sie oft schon angespannt und befürchten das Schlimmste, wenn sie in eine entsprechende Lage kommen. Viele Signale, die der Hundeführer dann meist unbewusst zeigt, sind Alarmzeichen für den Hund, an denen er bemerkt, dass sein Mensch eben doch nicht so sicher, gelassen und souverän ist, wie er wirken möchte, oder die ihn erst recht aufmerksam machen auf die bevorstehende Begegnung.

Es ist eine Ihrer wichtigsten Aufgaben, zusammen mit dem Hundeführer diese Alarmzeichen und Fehlhandlungen zu erkennen und abzubauen.

- Die Stimme bekommt einen flehenden oder drohenden Unterton, wird lauter oder aufgeregter.
- Veränderung der Körperhaltung, z.B. betont forsch auf den anderen zugehen oder zögern, langsamer werden.
- Leine fester fassen, um eine bessere Kontrolle über den Hund zu haben, oftmals auch verbunden mit einem Leinenruck oder einem eng geschnallten Halsband.
- Hektische Betriebsamkeit, viele unterschiedliche Anweisungen an den Hund und Aktionen des Menschen.
- Bestechungsversuche durch Leckerchen, ablenkendes Spielzeug usw. Hat sich der Hund bereits in Aufregung und Aggression hineingesteigert, so nimmt er das Leckerchen entweder gar nicht mehr wahr, weil er so auf das Gegenüber konzentriert ist, oder fasst es als Belohnung für sein Tun auf.

Wenn die „Aufregung“ vor Begegnungen beim Hundeführer schon so tief sitzt, dass er zwar mit dem Verstand erfasst, was zu tun wäre, es

Eine solide Basis: Souveränität und Gelassenheit erreicht man oft erst nach längerem Üben.

Sicherer Grundgehorsam des Hundes, vorausschauendes Verhalten und gutes Einschätzen der Situation durch den Hundebesitzer sind weitere Punkte, die auf Ihrer Trainingsliste stehen sollten.

aber einfach nicht schafft, so hilft manchmal ein Hundetausch. Mit einem ausgeglichenen Fremdhund an der Leine könnten die Teilnehmer ihre eigene Körpersprache überprüfen, Gelassenheit und Alternativhandlungen trainieren. Wenn den Besitzern dieser Handlungsablauf in Fleisch und Blut übergegangen ist, können sie in kritischen Situationen darauf zurückgreifen. Bestärken Sie den Hundeführer darin, die innere Ruhe zu bewahren. Für den Hund ist das gelassene Vorbild seines Besitzers genau so wichtig wie die passenden Lernschritte.

Guter Grundgehorsam. Ehe man sich an ein Training von Situationen macht, in denen der Hund aggressiv reagiert, sollten die dafür benötigten Grundübungen nochmals gefestigt werden. Leinenführigkeit, Herkommen, Bleiben werden mit unterschiedlichen Ablenkungen geübt, allerdings ohne die „gefürchteten Begegnungen". Erst wenn es Hund und Besitzer beispielsweise schaffen, an lockerer Leine an aufregenden Dingen vorbeizugehen oder der Hund abgerufen werden kann, ist das Team reif für das weitere Training.

Aufregung des Hundes erkennen. Die meisten Hundebesitzer sind überzeugt, dass sie beispielsweise Drohverhalten ihres Hundes sogleich erkennen. Das mag für ein Abwehrdrohen zutreffen, weil hier die Zeichen deutlich sichtbar sind. Beim Angriffsdrohen wird das schon schwieriger.

Beim Training ist es nötig, nicht nur das Drohverhalten zu erkennen, sondern auch schon die Anzeichen davor. Wir nennen es „der Hund beginnt über die Begegnung nachzudenken". Die Anzeichen dafür sind von Hund zu Hund verschieden Es kann die Stellung der

Ohren sein, der etwas andere Schritt, die Kopfhaltung oder das Bewegen der Rute. Hilfreich ist in solchen Fällen ein zweiter Beobachter, der dem Besitzer gute Hinweise geben kann.

Alternativhandlung statt Aggression

Es reicht in der Regel nicht aus, dem Hund sein aggressives Verhalten einfach zu verbieten.

Ein häufiger Trainingsvorschlag ist, den Hund bewusst in die Situation zu bringen, in der er aggressiv reagiert hat (enge Begegnung, nebeneinander im Platz liegen usw.). Zeigt er dann wieder aggressives Verhalten, wird er mit einer deutlichen Einwirkung wie Leinenruck o.Ä. korrigiert, für ruhiges Verhalten wird der Hund belohnt. Dieses Vorgehen gleicht eigentlich einem „Deckel drauf auf einen Dampfkochtopf", ohne dass die Herdplatte ausgeschaltet wird. Die Methode ist deshalb in vielen Fällen nicht sehr erfolgreich, sondern, im Gegenteil, hochexplosiv.

Sicher ist mancher Hund kurzfristig beeindruckt von diesen Maßnahmen und kann dann für sein ruhiges Verhalten auch gelobt werden. In vielen Fällen kommt der Hund jedoch gar nicht bis zum Lob – er regt sich über die Strafe, die körperlichen Manipulation, die Nähe des anderen auf und wird immer angespannter. Er lernt, immer wenn eine solche Situation sich anbahnt, wird es unangenehm für ihn.

Eine entspanntere Möglichkeit ist dem Hund ein alternatives Verhalten beizubringen. Häufig arbeitet man mit der Kombination: Machen Sie dem Hund das unerwünschte Verhalten unmöglich, aber bieten Sie ihm eine Alternative an, indem Sie ihm ein Verhalten beibringen, das sich mehr lohnt als dem Hund oder dem Menschen gegenüber aggressiv aufzutreten.

Das praktische Training

Das „mentale" Lernziel für Mensch und Hund ist, sich beim Anblick eines Gegenübers gar nicht aufzuregen. Wenn dies gelingt, wurde die Übungsbegegnung richtig aufgebaut.

Das praktische Ziel: Der zu trainierende Hund zeigt beim Anblick eines Gegenübers auf ein Signal hin das erwünschte Alternativverhalten, geht mit seinem Besitzer in machbarem

Alternative statt Aggression: Der kleine weiße Hund hat gelernt, bei Hundebegegnungen seine Besitzerin anzuschauen. Diese bestätigt den Blickkontakt.

Diese Übungsbegegnung ist nicht optimal: Der helle Hund kann nicht ausweichen und die Besitzerin des schwarzen Hundes merkt nicht, dass ihr Hund mehr Abstand braucht.

Abstand am anderen vorbei und wird für sein Wohlverhalten belohnt.

1. Schritt: Alternative. Der Hund lernt in ablenkungsfreier Umgebung das ausgewählte Alternativverhalten: Gut geeignet wäre beispielsweise „Schau her" – der Hund schaut den Besitzer an und geht mit Blickkontakt zu ihm am Gegenüber vorbei. Oder auch „Touch" – der Hund wendet sich dem Besitzer zu und nimmt z.B. Schnauzenkontakt zur Hand des Besitzers auf.

2. Schritt: Ausweichen bedeutet nicht „kleinbeigeben", sondern ist sehr klug und bietet dem Hund eine gute Hilfestellung. Meist eskaliert die Situation, wenn der Hund direkt auf jemanden zugeht oder er den anderen schon auf viele Meter sehen und fixieren kann. Je nach Hund und Art der Begegnung hilft es dem Hund bereits, wenn man ihn in größerem Abstand oder einem kleinen Bogen am Gegenüber vorbeiführt.

Wenn bei einem Hund das aggressive Verhalten an der Leine schon zur Gewohnheit geworden ist und sich auch immer gelohnt hat, wird ein „Schau her" und ruhiges Weitergehen mit etwas Abstand nicht ausreichen. Hier sind deutlichere Richtungswechsel, eventuell ein Weggehen aus der Situation nötig. Einige Besitzer empfinden diese Richtungswechsel als „Feigheit vor dem Feind" und tun sich schwer damit dies umzusetzen.

Dieses anfangs weiträumige Ausweichen hat aber einige Vorteile:

- Es bringt Hund und Mensch nicht in immer wiederkehrende angespannte Situationen. Dass der Hund bei bestimmten Begegnungen aggressiv reagiert, ist ja bekannt, also muss man dies nicht jedesmal aufs Neue ausprobieren.
- Es macht dem Hund unmöglich, sein bisher gezeigtes unerwünschtes Verhalten weiter zu perfektionieren.
- Es zeigt dem Hund einen gangbaren Weg auf und signalisiert ihm, dass wir kein Interesse am Gegenüber haben.
- Gelassenes Ausweichen wirkt auf Entgegenkommende wie eine Deeskalationsgeste und zeigt „Ich interessiere mich nicht für dich" und gehe meinen Weg.

Es hat sich bewährt, wenn der Hundeführer zunächst im „Trockentraining" überlegt, welchen Abstand sein Hund benötigt, um gelassen zu bleiben, und einübt, wie die Richtungswechsel zügig ablaufen sollten. Hier kann eventuell zunächst das praktische Training der Richtungswechsel mit einem Fremdhund geübt werden.

3. Schritt: Kontrollierte Übungsbedingungen schaffen. Die ersten Trainingseinheiten finden auf einem ruhigen Gelände statt, auf dem weiträumiges Ausweichen problemlos möglich ist und das einigen Sichtschutz bietet. Dies können geparkte Autos, eine Garageneinfahrt oder eine Hecke sein.

Das Gebiet sollte so ausgewählt werden, dass überraschende Begegnungen mit Fremden (ein plötzlich auftauchender freilaufender Hund oder viele Spaziergänger) eher ausgeschlossen werden können.

Sehr zu empfehlen sind ausgewählte und angeleitete Trainingspartner, weil sich dann der Hundeführer ganz auf sein Tun und seinen Hund konzentrieren kann, ohne sich Sorgen um sein Gegenüber machen zu müssen: Gute Trainingspartner sind ein ruhiger, verträglicher Hund mit gutem Grundgehorsam, mit einem Hundebesitzer, der sich an die getroffenen Absprachen und Anweisungen hält. Werden Passanten-Begegnungen geübt, sollten die Übungspartner eine gelassene Körpersprache haben und den Hund nicht anschauen oder ansprechen.

4. Schritt: Erste Begegnungen mit dem Übungspartner. Der Hund erhält das Signal für das Alternativverhalten, beispielsweise „Herschauen" in dem Moment, in dem er den entgegenkommenden Trainingspartner zwar wahrnimmt, aber noch fähig ist, sich auf seinen Hundeführer zu konzentrieren – dann geht das Team in mehr oder weniger großem Abstand am anderen vorbei.

Hier zahlt sich die Beobachtungsgabe des Hundeführers aus. Je früher die Aufregungszeichen des Hundes bemerkt werden, umso effektiver kann reagiert werden.

Wichtig ist zu erkennen welche Hilfen der Hund benötigt. Es ist immer von der Gesamtsituation abhängig, ob die Unterstützung (»Schau her« und Abstand) schon ausreichend ist für den Hund. Ein guter Anhaltspunkt ist das Verhalten des Hundes: Schafft er es, auf den Hundeführer konzentriert zu bleiben, könnte er weitergehen. Beginnt er aber sein Gegenüber zu fixieren, dann braucht er dringend weitere Hilfe vom Hundeführer.

Handeln, ehe der Hund handelt: Ehe also der Hund wieder knurrend in der Leine hängt, sollte man ihm helfen, das unerwünschte Verhalten nicht mehr zu zeigen. Jetzt kommen die zuvor geübten Richtungswechsel ins Spiel. Der Hundeführer geht nicht auf geradem Weg auf den anderen zu, sondern wechselt die Straßenseite, ändert die Richtung oder weicht aus, indem er zum Beispiel in eine Einfahrt einbiegt oder ein geparktes Auto umrundet. Dies sollte so zügig wie möglich, aber sehr gelassen geschehen. So als hätte er schon immer geplant, gerade hier umzudrehen oder die Straße zu überqueren. Kommt der Hund brav mit, so wird er gelobt.

Schulen Sie Ihre Hundeführer, anfangs immer frühzeitig und souverän abzuwenden, damit daraus kein Gerangel mit dem Hund entsteht. Problemlos mit dem Besitzer mitzugehen und dafür eine Belohnung zu bekommen, muss für den Hund die einzige mögliche Alternative werden.

Achtung Falle

1. Es ist wichtig, dass der Hund den anderen wahrnehmen kann, ehe der Hundeführer sich umdreht oder ihn mit „Schau her" auf sich konzentriert. Wenn der Hund nicht mehr die Gelegenheit hat, ein Gegenüber wahrzunehmen, kann er auch kein besseres Verhalten lernen.
2. Der Hund bekommt die Belohnung erst dann, wenn er bereits mehrere Meter am anderen Hund vorbeigegangen ist, ohne sich aufzuregen. Das ist bei Richtungswechseln oft gar nicht so einfach. Häufig wird der Hund bereits mit Worten oder Leckerchen belohnt, wenn er sich noch nach dem anderen umdreht und seine Aufmerksamkeit immer noch dem anderen gilt.

Sicherheit ist oberstes Gebot: Hier sollte man Abstand halten, denn Bewachen ist die Aufgabe, für die er gezüchtet wurde.

Bei manchen Hunden hilft ein Halti, um Richtungswechsel leichter durchzusetzen und den Blickkontakt zum Gegenüber zu unterbrechen. Der richtige Einsatz und Umgang mit dem Kopfhalfter muss sorgfältig angeleitet und zunächst in einfachen Trainingssituationen geübt werden.

5. Schritt: Immer alltagstauglicher. Nach und nach verringert der Hundeführer den Abstand, bis sich eine Distanz eingespielt hat, die alltagstauglich ist, aber auch so, dass der Hund auf die Dauer damit klarkommen kann. Nicht für jeden Hund ist das Ziel der Halbmeterabstand! Für manche Hunde sind Begegnungen auf der Distanz eines breiten Gehwegs schon das maximal erreichbare Ziel.

Verändern Sie Ihre Übungssituationen immer mehr zugunsten der Alltagstauglichkeit. Sonst klappt es in einem bestimmten Übungsgebiet mit einem bestimmten Übungshund ganz gut – aber in Alltagssituationen gibt es nach wie vor das gleiche Theater.

In der Kurssituation

Hunde mit erhöhter Aggressionsbereitschaft erfordern große Umsicht. Beim Üben in der Gruppe sind Sie nicht nur für das Team verantwortlich, sondern auch für die anderen Teilnehmer.

Sicherheit ist oberstes Gebot

Der aggressive Hund kann erst dann in eine Gruppe integriert werden, wenn er keine Gefahr mehr für die anderen Teams darstellt. Er muss immer unter Kontrolle und deshalb angeleint geführt werden, sei es an der normalen Führleine, sei es bei entsprechenden Übungen an der langen Feldleine.

Je besser Sie und vor allem der Hundeführer den Hund kennen und wissen, in welchen Situationen dieser besonders aggressiv reagieren könnte, umso besser kann das Team diesen Situationen passend begegnen.

Territoriales Verhalten. Dies muss nicht nur auf eigenem Grund und Boden gezeigt werden. Manche Hunde gehen sehr großzügig mit dem Begriff Territorium um. Wo seine Decke liegt, sein Mensch auf der Parkbank sitzt, seine Leine, der Wassernapf und der Besitzerrucksack auf dem Hundeplatz abgestellt sind, ist das Territorium des Hundes und dieses gilt es zu bewachen und zu verteidigen.

Zudem muss man damit rechnen, dass ein Hund das Übungsgelände als sein Territorium betrachtet und aggressiv auf weitere Ankommende reagiert. In solchen Fällen sollte dieser Hund als Letzter auf den Platz kommen.

Erhalt oder Erwerb einer Ressource. Häufig kommt es in Kurssituationen wegen vermeintlicher „Beute“ zu Problemen. Dies können z.B.

herumliegende Ausbildungsgegenstände sein wie Apportiergegenstände, Spielzeug usw.

Es kann schon zu Konflikten kommen, wenn der Nebenmann seinen Hund mit einem Motivationsgegenstand anreizt oder ihn für eine gelungene Übung mit einem Ballspiel belohnt.

Futter ist ebenfalls eine mögliche Ressource. Auf keinen Fall sollten die Teilnehmer Leckerchen o.Ä. an die anderen Hunde verteilen. Dies geschieht zwar selten während des Kurses, häufig aber in den Pausen bzw. vor oder nach dem Kurs.

Auch Streicheleinheiten oder Ansprechen eines anderen Hundes durch den Hundeführer kann der eigene Hund missverstehen.

Hinweise an die anderen Kursteilnehmer sind unbedingt erforderlich. Planen Sie dabei ein: Manche Teilnehmer halten sich an die besprochenen Regeln, was den Umgang mit dem Problemteam anbelangt, wenn dieses abseits der Gruppe übt und einen Sonderstatus hat. Arbeitet das Team später mitten in der Gruppe, werden die Hinweise im Eifer des Gefechts oftmals wieder vergessen.

Die anderen Kursteilnehmer sollten sich im eigenen Interesse an die Regeln halten, den Hund nicht anzufassen, nicht anzuschauen und Abstand zu ihm halten.

Aufgeregte Teilnehmer mit weitausholenden Gesten und hektischem Verhalten können den Hund in Bedrängnis bringen, zum Hinterherjagen animieren oder Verteidigungsbereitschaft auslösen.

Trainingsmöglichkeit 1: Die Kleingruppe

Für die meisten Teams ist zunächst eine Kleingruppe erfolgversprechender, in der sie unter Anleitung das im Einzeltraining Gelernte anwenden.

Voraussetzungen:

- Gelände übersichtlich, ruhig, kaum frequentiert, Parkplatz in unmittelbarer Nähe, Autos der Teilnehmer werden nicht direkt nebeneinander geparkt.
- Die Ablenkungen müssen kontrolliert werden können, das heißt, es sollten zumindest anfangs keine Fremdhunde oder Personen plötzlich auf dem Übungsgelände auftauchen.
- Sie besprechen mit den Teilnehmern (Hunde warten im Auto), wie Sie beim

Beim Arbeiten oder Spielen mit Beutegegenständen kann es zu Konflikten kommen, wenn die Hunde frei laufen oder zu wenig Abstand eingehalten wird.

Training vorgehen möchten, welche Übungen geplant sind und was die Teilnehmer beachten sollten. Auf diese Weise kann sich jeder – auch mental – auf das Kommende einstellen.

- Es wird besprochen, wie die Wartezeiten und Pausen zu gestalten sind. Pause bedeutet: Der Hund muss aus dem Sichtbereich der anderen Hunde entfernt werden (siehe auch Kapitel 3, Auszeit).

Die ersten Trainingstermine: Die ersten Übungen werden einzeln durchgeführt, z.B. ruhig verlaufende Gehorsamsübungen an der Leine. Sie dienen dazu, das Gelände kennenzulernen und den Hund auf die Übungsstunde vorzubereiten.

Für erste Begegnungsübungen ist ein ruhiger und gelassener Hund als Ablenkungshund bzw. ein dafür ausgewählter „Passant" ein guter Helfer, denn Begegnungen mit den ebenfalls aggressiv und aufgeregt reagierenden Teilnehmerhunden wären für die meisten noch eine Überforderung. Einzeln und unter Anleitung des Kursleiters begegnen die Teams dem ruhigen Übungshund bzw. dem Passanten. Wichtig ist, dass dem Übungshund nichts passiert und dass er genügend Pausen erhält, um sich zu erholen.

Weitere Übungseinheiten auf dem vertrauten Gelände: Erst wenn ein Team die Begegnungen mit dem bekannten „Ablenkungshund" so gut meistert, dass der Hund sich auf seinen Besitzer konzentriert und auch der Besitzer nicht mehr in Anspannung gerät, kann zum nächsten Übungsschritt übergegangen werden.

Dieser nächste Übungsschritt könnte die Begegnung mit einem weiteren, noch nicht bekannten Fremdhund sein, der als Übungspartner „wie zufällig als Spaziergänger" des Weges daher kommt. Oder es finden – mit großem Abstand – erste Begegnungen mit einem Hund aus der Übungsgruppe statt. Es ist Aufgabe des Kursleiters, die passenden Paare auszuwählen. Die restlichen Hunde warten jeweils im Auto.

Zwischen den Begegnungen können die Hunde einzeln nacheinander verschiedene Übungen zur Leinenführigkeit absolvieren oder auch einfach entspannt über das Gelände schlendern.

Wie viele Begegnungen ein Team während einer Übungseinheit meistern kann, ist ganz verschieden. Maßstab ist, dass sich der Hund noch gut auf seinen Besitzer konzentrieren kann und dieser ebenfalls noch die Ruhe und Gelassenheit dazu hat. Die Belastbarkeit darf nicht zu sehr strapaziert werden, besser ist es aufzuhören, solange noch ein Erfolg zu verzeichnen ist.

Wenn die Übungsbegegnungen immer gelassener verlaufen, kann der Abstand variiert werden. Es können auch mehrere Hunde der Gruppe – eventuell alle – gleichzeitig mit genügend Abstand zueinander über das Gelände gehen.

Weitere gut geeignete Aufgaben für die nächsten Kursstunden sind Herkommen und Stoppen („Sitz" und „Platz") auf Entfernung. Zur Sicherheit werden diese Übungen immer an der langen Leine durchgeführt, zunächst als Einzelübung, dann mit dem „Trainingshund". Erst wenn dies gut gelingt, wird mit genügend Abstand zu einem anderen Team der Gruppe weitergemacht.

Von der kontrollierten Übungssituation zur Alltagstauglichkeit: Damit die Besitzer und ihre Hunde auch im Alltag diese Begegnungen meistern, sollten sie nicht nur auf dem bekannten Trainingsgelände arbeiten, sondern immer wieder neue, dafür geeignete Gelände aufsuchen. Für jeden Geländewechsel gilt: „Kennenlernen" des Geländes als Einzelübung, dann Begegnung mit dem Übungshund, dann Begegnungen mit Hunden aus der Gruppe.

Erst mit zunehmenden Lernforschritten übt die Gruppe in „Alltagssituationen".

Wenn Sie das Übungsgelände verlassen, müssen Sie mit dem Besitzer absprechen, wie er sich verhalten soll und vor allem, welchen Abstand er zu Fremden einhalten muss. Dies gilt selbstverständlich auch für den Weg vom Parkplatz zum Gelände.

Trainingsmöglichkeit 2: In der normalen Kursgruppe

Hat das Team einen bestimmten Ausbildungsstand erreicht, kann es in vielen Fällen in einem Gruppenkurs mit trainieren.

Voraussetzung ist, dass der Besitzer seinen Hund gut einschätzen und ihm die Hilfestellung geben kann, die er braucht, sodass das Team auch selbstständig etwas abseits der Gruppe arbeiten kann. Der Hund hat gelernt, die anderen Hunde überwiegend zu ignorieren, wenn sie einen Abstand von etwa 3 bis 4 Metern einhalten.

Das Gelände muss groß genug sein, um ein Ausweichen zu gewährleisten. Es hat sich bewährt, wenn der Hundebesitzer sich zuvor mit den Gegebenheiten des Trainingsgeländes vertraut machen kann. So weiß er schon mal, welche Hecken, Büsche oder Verstecke als Sichtschutz und Ausweichmöglichkeit dienen könnten, wie er das Übungsgelände auf schnellstem Wege verlassen kann, ohne die anderen zu stören, und kennt den Weg zum Parkplatz.

Die Übungsgruppe sollte nach Möglichkeit nicht neben einem anderen Kurs arbeiten, in dem es sehr lebhaft zugeht, denn die dann herrschende Aufregung und Anspannung überträgt sich schnell auf den benachbarten Kurs.

Ein entspannter Anfang: Das Team übt zunächst am Rande des Geschehens für sich allein, um sich an die Gruppe zu gewöhnen. Aus dem Einzeltraining oder der Kleingruppe bringt das Team bereits Erfahrungswerte mit und weiß, in welchem Abstand eine Begegnung noch machbar ist. Die Kurssituation ist nun wieder eine neue Situation und deshalb sollte zunächst wieder ein etwas größerer Abstand einkalkuliert werden.

Außerdem müssen Sie einplanen, dass die anderen Kursteilnehmer trotz vorheriger Instruktion vergessen, Rücksicht auf das „Problemteam" zu nehmen und diesem zu nahe kommen. Auch kann nicht immer vorausgesetzt werden, dass die Teilnehmer ihre Hunde ständig gut beobachten und erkennen, wann und in welcher Form diese auf den Problemhund reagieren. In solchen Situationen sollten Sie rasch handeln und entsprechende Hilfestellung geben. Manchmal reicht bereits wieder etwas mehr Abstand, eine andere Positionierung des Hundes oder das Vermeiden von direktem Blickkontakt aus, um eine angespannte Situation zu entschärfen.

Arbeiten mit der Gruppe: Zeigen Sie dem Hundeführer, welche Teams aus der Gruppe unproblematisch für eine Annäherung sind und welche eher Abstand brauchen. Und besprechen Sie, welche Übungen zum Mitmachem geeignet wären. Die sind beispielsweise Einzelaufgaben oder ruhig verlaufende Gruppenübungen ohne Konfrontation. Dabei hält das Team immer den erforderlichen Abstand

Ein kleiner Moment der Unaufmerksamkeit genügt und schon gibt es Ärger!

Überlegung: Ist der Hund von seinem Leistungsstand schon so weit, dass er bei dieser Übung mitmachen könnte oder sollte er besser pausieren?

ein und entfernt sich bei Bedarf wieder von der Gruppe, um eine kurze Pause einzulegen.

Vermeiden Sie zunächst Gruppenübungen, die mögliche Konfrontationen (Nähe, Blickkontakt) mit anderen Hunden beinhalten: eine Slalomübung, bei der ein Hund um die anderen Hunde herumlaufen muss, Ablegen dicht neben einem anderen Hund oder enge Begegnungen sind noch zu schwierig.

Ebenfalls ungeeignet sind Übungen, die schnell und aktionsreich verlaufen oder Gruppenübungen, die eine längere Wartezeit erfordern. Hier sollte das Problemteam zur Seite, eventuell sogar ganz außer Sicht gehen und zwar rechtzeitig, ehe die Übung beginnt. Der Hund soll überhaupt keine Chance haben, in sein altes unerwünschtes Verhalten zurückzufallen.

Übungsdauer: Mehr als andere Hunde kommen gerade aggressive Hunde, aber auch ihre Besitzer, an die Grenzen ihrer Belastbarkeit. Die Anspannung summiert sich und bei Überforderung reagieren solche Hunde mit verstärkter Aggression. Der vorher erarbeitete Trainingserfolg wird dadurch zunichte gemacht.

Das Team sollte deshalb seinen eigenen Trainingsrhythmus haben und nicht erst auf die Kurspause warten. Übt ein Team die ersten Male in einer normalen Gruppe mit, kann es durchaus sein, dass es bereits nach einer halben Stunde fertig ist, das heißt in dieser Zeit seine Sache gut gemacht hat, Lernerfolge hatte, nun aber nicht mehr weiter belastbar wäre, ohne Rückschläge zu bekommen.

Vereinbaren Sie mit dem Hundeführer ein Signal. Wenn er das Gefühl hat, es war für heute gut, dann signalisiert er Ihnen das, verlässt einfach das Trainingsgelände und freut sich über seinen Erfolg. Umgekehrt können Sie dem Hundeführer signalisieren, dass er für heute genug hat und ihn mit einem Erfolgserlebnis nach Hause entlassen.

Passiv – stur – schlecht motivierbar?

Wenn Hundebesitzer das fehlende Engagement ihrer Hunde bemängeln, so ist dies häufig nur ihre Sicht der Dinge. Es ist normal, weil es kräfteschonend und effektiv für den Hund ist, wenn er nicht auf jeden Reiz sofort „anspringt".

Besitzer von aufgeregt reagierenden Hunden würden sich dies wünschen! Es ist auch normal, dass der Hund eine Art Kosten-Nutzungs-Rechnung erstellt, um zu entscheiden, ob es sich für ihn lohnt jetzt aktiv zu werden oder nicht.

Die häufigsten Ursachen für mangelnde Mitarbeit und Motivation sind:

- Angst, Unsicherheit, Stress (Denk-/Handlungsblockade)
- Selbstschutz vor Überforderung
- Motivationsfehler, unpassende Trainingsmethode (Hund versteht nicht, was von ihm erwartet wird)
- Beziehungs- oder Kommunikationsproblem zwischen Hund und Besitzer
- Organische Ursachen (Schmerzen, Herz-Kreislauferkrankungen, Infektionskrankheiten), aber auch Hitzeempfindlichkeit oder Übelkeit/Stress beim Autofahren haben Auswirkungen auf das Verhalten (manche Hunde verknüpfen dann ihr schlechtes Befinden mit dem Übungsplatz oder sie sind durch die Fahrübelkeit zu Beginn der Kursstunde noch erschöpft und gestresst).
- Rassedisposition

„Passiv" sein, ist in manchen Situationen auch etwas Gutes!

Das Training: In erster Linie Schulung des Besitzers

Besitzer von sturen oder schlecht motivierbaren Hunden schieben ein Abhilfe schaffendes Training oftmals etwas beiseite. Diese Hunde sind ja im Prinzip angenehme Vierbeiner, es belustigt zunächst auch eher, wenn der Hund nur im Zeitlupentempo herkommt.

Der „Leidensdruck" ist in der Regel nicht so hoch wie beispielsweise bei einem Hund mit Aggressionsproblemen. Gerne werden auch Ausreden gefunden, warum der Hund gerade heute so langsam und ohne Begeisterung arbeitet.

Die Arbeit mit einem schlecht motivierbaren Hund fordert vom Hundeführer:

- Konsequenz, Disziplin und Durchhaltevermögen, aber trotzdem Begeisterung für die Aufgabe. Sein Verhalten, sowohl Desinteresse als auch Begeisterung übertragen sich auf den Hund.
- Bereitschaft, seinen Hund besser verstehen zu wollen, seine Grenzen und Fähigkeiten zu akzeptieren bzw. im gemeinsamen Lernprozess diese zugunsten von mehr Mit-/Zusammenarbeit zu verschieben.

Eine Frage …

… der Motivation.

Hundeverhalten erkennen

„Stur“ oder „ schlecht motivierbar“ bedeutet nicht, dass der Hund dumm ist oder nicht lernen kann. Je besser man erkennt, wo die Ursachen dafür liegen und was der Hund mit seiner Verweigerung ausdrücken möchte, um so eher kann man Training und Besitzerverhalten darauf abstimmen und versuchen, einen anderen/neuen Zugang zum Hund zu bekommen.

Beobachtungen, die in einer aktuellen Situation helfen können, den Hund richtig einzuschätzen sind:

- Welches Ausdrucksverhalten zeigt der Hund? Dies ist grundsätzlich wichtig, um Infos über die momentane Befindlichkeit des Hundes zu bekommen.
- Zeigt er Übersprungshandlungen oder Deeskalationsgesten? Dann befindet er sich in einer für ihn unklaren oder unsicheren Situation einem Sozialpartner gegenüber oder in einer schwierigen Umweltsituation. Er hat aber das Bedürfnis diesen Konflikt abzuschwächen oder zu lösen.
- Weicht er aus oder wendet sich ab, wenn der Besitzer Kontakt zu ihm aufnimmt (streicheln, anfassen, anleinen usw.)? Beziehung Hund / Hundeführer überprüfen, Körpersprache des Hundeführers prüfen. Wie viel Nähe bzw. Distanz benötigt der Hund, um sich wohl zu fühlen?
- Verweigert er bestimmte Bewegungsabläufe, bestimmte Übungen? Dann könnte er damit überfordert sein? Hat er eventuell diese Übung noch nicht sicher erlernt oder ist körperlich nicht dazu in der Lage?
- Wie ist das Umfeld? (Welche Personen oder Artgenossen sind anwesend? Auch Temperatur und Tageszeit können eine Rolle spielen.)

Grundsätzliche Überlegungen:

- Zeigt der Hund dieses Verhalten nur in bestimmten Übungssituationen oder auch im Alltag?
- Ist der Hund von seinem Wesen her zögernd und unsicher, braucht er in vielen Situationen aufmunternde Unterstützung?
- Hat der Hund Zutrauen zu seinem Besitzer, kann er dessen Anleitung und Hilfestellung verstehen? Gibt es „sprachliche“ Missverständnisse?
- Ignoriert der Hund häufig die Anweisungen seines Besitzers?

- Bemerkt der Besitzer, dass die Kommunikation mit dem Hund in vielen Situationen nicht mehr stimmt?
- Arbeitet der Hund mit anderen Personen, einem anderen Familienmitglied freudiger?

Die Sache mit der Motivation

Motivation ist ein Schlagwort und wird häufig als Lösung aller Probleme angesehen. Motivation ist sicherlich wichtig, aber man wird nur dann erfolgreich sein, wenn man auch über Grundsätzliches und Hintergründe Bescheid weiß. Falsch eingesetzt oder dosiert, kann der Versuch der Steigerung der Motivation auch schief gehen.

Motivation ist Verhaltensbereitschaft. Hunde versuchen im Prinzip nur das zu tun, was sich in irgendeiner Form aus ihrer Sicht für sie lohnt. Was sich nicht „lohnt“, bzw. was ihnen unangenehm war, werden sie eher unterlassen.

Damit ein Hund zu einem bestimmten Zeitpunkt etwas Bestimmtes tut, muss eine Bereitschaft dafür vorhanden sein. Diese Bereitschaft kann unterschiedlich stark ausgeprägt sein und wird von verschiedenen Faktoren beeinflusst, z.B. von der Veranlagung des Hundes, der Situation, in welcher er sich gerade befindet oder seinem körperlichen Zustand.

Die Motivation kann aus dem Hund selbst kommen: Er will sich hinlegen, weil er müde ist oder er will zur Futterschüssel gelangen, weil er hungrig ist.

Motivieren bedeutet eine bestimmte Verhaltensbereitschaft auslösen. Eine andere Möglichkeit ist es, dass der Hund von außen zu einer Aktion angeregt wird. Im Idealfall kommt die Anregung vom Hundeführer, aber auch andere Anreize sind möglich (ein Rascheln im Gras veranlasst den Hund, dort mal nachzuschauen, die auffliegende Amsel animiert zum Nachrennen usw.).

Anreize, die der Hundeführer gezielt einsetzen kann:

- Körpersprache (Haltung, Ausdruck, Gehtempo usw.). Wenn Sie beispielsweise möchten, dass Ihr Hund schnell hinter Ihnen herkommt, dann könnten Sie wegrennen. Dies kann den Hund motivieren, hinter Ihnen herzulaufen und zu Ihnen zu kommen.
- Bei einigen Aufgaben lassen sich die Hunde auch durch Zuschauen motivieren, insbe-

Die Aufgabenstellung sollte mit den Fähigkeiten des Hundes zusammenpassen. Ein Apportierkurs ist für Bernhardiner eher ungeeignet. Seine Qualitäten liegen auf anderen Gebieten.

sondere bei Apportier- oder Suchübungen, weil der Hund auch gerne den Apportiergegenstand haben möchte oder ganz genau weiß, wo sich der versteckte Gegenstand befindet.
- Manche Motivationshilfen können, nachdem das Gewünschte erreicht wurde, auch als Belohnung verwendet werden (Leckerchen, Spielzeug).

Achtung, Falle: Bestechung!

Es ist Bestechung, wenn der Hundebesitzer versucht, seinen Hund mit verschiedensten Hilfsmitteln zu locken, in der Hoffnung, dass der Hund diese so spannend findet und sich deswegen am Besitzer orientiert oder eine Aufgabe mitmacht.

War die Bestechung in einer Situation erfolgreich, so bedeutet das jedoch nicht, dass der Hund die gewünschte Handlung auch weiterhin ausführen wird. Es bedeutet nur, dass der Reiz, welcher von der Bestechung ausging, in dieser einen Situation größer war als das Desinteresse des Hundes oder der Reiz durch eine andere Ablenkung.

Belohnung ist Lob dafür, dass der Hund eine bestimmte Handlung zur Zufriedenheit ausgeführt hat. Der Hund bekommt sie erst dann, wenn er das Gewünschte für den Besitzer getan hat.

Was für den einzelnen Hund wirklich eine Belohnung darstellt und ihm ein angenehmes Gefühlt vermittelt, muss im Einzelfall ausprobiert werden. Hier sollten Sie kreativ sein und dem Besitzer verschiedene Möglichkeiten vorschlagen:
- Leckerchen, Spielzeug (herausfinden, welches der Hund am Liebsten mag)
- Spiel mit dem Besitzer (in welcher Form?)
- Körperkontakt zum Besitzer (welche Berührungen empfindet der Hund als angenehm?)
- Stimmlage (hohe Stimmlage ist motivierender als tiefe Stimme)
- konditionierte Verstärker wie Lobwort, Clicker

Der Hund soll das angenehme Gefühl mit der gewünschten Handlung verknüpfen. Dazu muss die Belohnung zeitgleich bzw. kurz nach einer erwünschten Handlung (höchstens ein bis zwei Sekunden nach Beginn dieser Handlung) erfolgen.

Ist man zu langsam und der Hund hat sich bereits wieder anderen Dingen zugewandt, ist die Chance zur Belohnung vertan. Das gleiche gilt, wenn man die kleinen Ansätze des Hundes in die richtige Richtung nicht bemerkt, weil sie beispielsweise nur sehr kurz gezeigt werden oder der Hundeführer immer auf die exakte „Endhandlung" fixiert ist.

Ein unmotivierter Hund benötigt häufige und sehr gezielte Rückmeldungen (Belohnungen) von seinem Besitzer, dass er auf dem richtigen Weg ist und dass es sich durchaus für ihn lohnt, so weiter zu machen. Deshalb müssen oftmals schon kleine Ansätze des gewünschten Verhaltens belohnt werden und nicht erst am Ende einer Übung.

Gelassenheit und Coolness – gegen Sturheit

Immer wieder bekommt der Hundeführer eines „sturen" Hundes den Rat: „Da musst du dich jetzt mal durchsetzen, der nimmt dich nicht ernst."

Das stimmt sicher häufig. Es ist für den Hundebesitzer einfacher, seinen Hund für bestimmte Aufgaben oder eine Zusammenarbeit zu gewinnen, wenn dieser ihn als „ranghöher" anerkennt. Lebt der Hund in der Annahme, er sei in der Rangordnung höher als sein Mensch, so wird er Anweisungen von diesem oftmals nicht ernst nehmen und nur dann befolgen, wenn er gerade nichts Besseres zu tun hat oder wenn er selbst Lust dazu hat. Dagegen wäre es die Aufgabe eines „rangniederen" Rudelmitglieds darauf zu achten, was die Ranghöheren „vorschlagen" oder einfordern.

Stures Üben und übersteigerter Ehrgeiz, zu hohe Erwartungen und falsche Leistungsvorstellungen führen oft in eine Sackgasse. Dann ist es Zeit, neue Wege einzuschlagen.

Nur, wie macht man das, dass der Hund einen „ernster" nimmt?

Verhalten im Alltag hinterfragen: Die wenigsten Hunde streben von Natur aus die „Führungsrolle" an. In den meisten Fällen wird ihm dies von seinen Menschen unbeabsichtigt so vermittelt.

- Kommt der Hund mit seinem sturen Verhalten zum Erfolg? Gibt der Besitzer nach, weil es so mühsam ist oder weil er nicht darauf achtet? Wenn der Hund mit seiner Vorgehensweise Erfolg gehabt hat, wendet er sie natürlich auch weiterhin an.
- Bestimmt der Hund in vielen Situationen, wie sich seine Menschen zu verhalten haben? Er stupst sie an und schon wird er gestreichelt, er drängt sich dazwischen, wenn sich Familienmitglieder begrüßen, er bringt sein Spielzeug und spielt aber nur so lange mit, wie er selbst Lust dazu hat? Dann wird es für den Hund mit der Zeit immer selbstverständlicher, dass er etwas einfordern darf und dieses dann auch bekommt.
- Bestechung? Gerade bei sehr sturen Hunden bemerken viele Besitzer nicht sofort, dass sie selbst sich immer mehr mühen und anstrengen, um doch noch die Mitarbeit ihres Hundes zu bekommen. So werden beispielsweise beim Training immer andere, neue, besonders tolle Leckerchen oder noch mehr Spielzeug, Ansprache usw. eingesetzt, um den Hund zum gewünschten Verhalten zu animieren. Dieser könnte das so verstehen, dass Anstrengung von seiner Seite her unnötig ist, denn der Besitzer tut ja alles dafür. Und der Hund hat eigentlich die freie Entscheidung, ob er mitmachen möchte oder nicht.
- Hat sich der Hund daran gewöhnt, dass sein Besitzer auch im Alltag (z.B. beim Spaziergang) immer ein Animationsprogramm für ihn parat hat, um ihn zu beschäftigen und zufrieden zu stellen? Dann ist Aufmerksamkeit von Hundeseite aus nicht mehr nötig oder der Hund geht seine eigenen Wege, sobald der Besitzer nachlässt in seinen Bemühungen. Er bekommt meist nur dann wieder (für kurze Zeit) die Aufmerksamkeit seines Hundes, wenn er wieder neue Dinge anbietet.

Sture, ignorante Hunde muss man oftmals mit ihren eigenen „Waffen" schlagen. Gelassenheit, Konsequenz und manchmal ein Stück Ignoranz dem Hund gegenüber sind sinnvoller als wütende Reaktionen und Machtkämpfe oder Verzweiflung und Resignation.

Natürlich ist es nicht einfach ruhig zu bleiben, obwohl man ungehalten ist über das Verhalten des Hundes oder sich zurückzunehmen und dem Hund nicht ständig Zuneigung zu bezeugen, obwohl man doch so gerne ins wuschelige Hundefell fasst.

Manche Besitzer fühlen sich persönlich getroffen, wenn sie es nicht schaffen, ihren Hund zu einer Handlung zu motivieren oder wenn der Hund ganz deutlich zeigt, dass ihm die Zusammenarbeit nicht unbedingt ein elementares Bedürfnis ist. Es ist ein wichtiger Schritt für den Hundeführer, dieses Gefühl beiseite zu lassen und sehr überlegt vorzugehen:

- Für den Hund wichtige Aktionen (Sozialkontakt, Spiel usw.) gehen vom Besitzer aus und werden auch von diesem beendet.
- Nichts ist mehr umsonst: Der Hund kann nach wie vor belohnt oder mit Zuneigung bedacht werden, er muss aber dafür kleine Gehorsamsaufgaben erfüllen oder auf den Besitzer achten.
- Klare Regeln und Grenzen dem Hund gegenüber werden gesetzt, ohne ihn damit zu überfordern.
- Vermitteln Sie dem Hund ihre neue Haltung konsequent und bestimmt, aber ohne Druck und Aggression. Ein souveräner Chef hat es nicht nötig, ständig aggressives Verhalten zur Durchsetzung seiner Ziele einzusetzen.
- Lassen Sie sich nicht umstimmen und gehen Sie nicht auf die Forderungen des Hundes ein. Schimpfen Sie dann nicht mit ihm, aber ignorieren Sie die aufdringlichen Spielaufforderungen und Kontaktversuche des Hundes.

In der Kurssituation

In den meisten Fällen können unmotivierte oder sture Hunde recht gut in Gruppenkurse integriert werden.

Allgemeine Überlegungen

Passt das Team in die Gruppe oder sind von der Zusammensetzung her Probleme zu erwarten? Besonders die Kombination von schlecht motivierbaren Hunden mit hektischen, unruhigen Hunden ist sehr unglücklich, denn sie verlangen manchmal völlig gegensätzliche Vorgehensweisen. Der Besitzer eines passiven Hundes hat vielleicht mit Ballspielen endlich eine Möglichkeit gefunden, seinen Hund am

Eine Aufgabe für alle Familienmitglieder: Herausfinden, was dem Hund Spaß macht!

Ende einer erfolgreichen Übung zu belohnen und freut sich, wenn sein Hund begeistert darauf reagiert. Der Besitzer eines hektischen Hundes freut sich aber überhaupt nicht, wenn es ihm endlich gelungen ist, seinen Hund ruhig ins Platz zu legen und dieser dann voll Freude ebenfalls am Ballspiel teilnehmen möchte.

Welche Hilfestellung braucht der Hundeführer? Vermutlich wird das Team vermehrte Hilfe im mentalen Bereich benötigen oder ist auf Ihre Beobachtungsgabe angewiesen.

Für den Hundeführer eines schlecht zu motivierenden Hundes ist es wichtig, dass der Übungsleiter erkennt, wann auch kleinste Fehler im Timing auftreten und wie viel Belohnung der Hund jetzt gerade braucht. Es ist gut, wenn die Möglichkeit besteht, auch mal kurz mit dem Team abseits zu üben, um auszuprobieren, wie etwa die Körpersprache des Besitzers auf den Hund wirkt oder wie er diese effektiver einsetzen kann.

Der Hundeführer eines sturen Hundes braucht ganz sicher öfters mal eine Ermunterung oder ganz praktische Anleitung zum Durchhalten. Ruhig, aber konsequent zu agieren ist in einer Kurssituation nicht immer einfach. Es ist unangenehm, wenn alle Teilnehmer warten müssen, bis der Hund endlich die geforderte Platzübung ausführt. Was geplant war, muss auch durchgesetzt werden: Nicht der Hund beendet eine Aufgabe, sondern stets der Besitzer. Das kann bedeuten, dass eine Übung notfalls am Rande der Gruppe in Ruhe zu Ende gebracht wird.

Kurze Übungseinheiten. Die meisten Kursstunden haben eine festgelegte Zeitdauer. Für diese Teams gelten andere Regeln, denn lange Übungssequenzen stellen hohe Anforderungen (körperlich und mental) und beinhalten die Gefahr, dass der schlecht zu motivierende Hund zwar anfangs noch recht willig mitarbeitet, dann aber zunehmend weniger motiviert ist. Hundeführer und Übungsleiter müssen die Grenzen des Hundes erkennen und rechtzeitig Pausen einlegen, auch wenn die Gruppe noch weiter übt. Immer sollten Sie aufhören, solange der Hund noch gut mitmacht.

Kursziele und Aufgabenstellung

Kursziele und Aufgabenstellung sollten im Großen und Ganzen mit den Fähigkeiten des Problemteams zusammenpassen, damit der Hundeführer nicht auf verlorenem Posten kämpft, zu viele Rückschläge einstecken oder zu häufig bei bestimmten Aufgaben pausieren muss.

Mit Gelassenheit, Konsequenz und einer Beschäftigung, die ihn zufriedenstellt, bekommt man Zugang zu diesem Hund.

Spannende Übungen begeistern Hund und Mensch. Wenn möglich, planen Sie wechselndes Übungsgelände und abwechslungsreiche Übungen, damit Motivation und Begeisterung erhalten bleiben.

Es macht den meisten Hunden viel mehr Spaß, den Besitzer zu suchen, der sich hinter Büschen versteckt hat und zu ihm herzukommen, als auf einem Übungsplatz 30 Schritte von ihm entfernt zu sitzen und dann freudig zu ihm hinzurennen. Einen ähnlichen Erfolg haben Gehorsamsspiele in der Gruppe, weil hier der Grundgehorsam geübt und gefestigt wird, ohne dass das sture Üben im Vordergrund steht.

Anspannung herausnehmen. Bei zu intensivem Üben, häufig in Prüfungs- oder in Fortgeschrittenenkursen, verweigern manche Hunde zunehmend die Mitarbeit. Der Erwartungsdruck ist recht hoch und oftmals wird – vor allem kurz vor Prüfungen – ein stereotyper Übungsablauf „gepaukt". Hund und Mensch kennen alles fast bis zum Überdruss. Außerdem spürt der Hund genau, ob sein Besitzer gelassen und entspannt ist oder sich vielleicht selbst unter Druck setzt.

Sie sollten dies erkennen und sich dann kreativ betätigen, um die Situation und das Verhältnis zwischen Hund und Besitzer wieder zu entspannen. Es ist gar nicht so einfach, einen ehrgeizigen und überkorrekten Besitzer davon zu überzeugen, dass er z.B. die stets gleiche Fußgehübung jetzt sein lassen soll. Gut, wenn Sie dann Alternativen anzubieten haben:

- Eine Aufgabenstellung, welche die gewünschte Fußgehübung in anderer Form enthält.
- Ein paar Tage mit „Hundeplatz-Üben" aussetzen und „nur" Alltagssituationen meistern oder entspannte Spaziergänge machen.
- Bewusst üben, aber mal ganz andere Aufgaben angehen, z.B. ein kleines Kunststück mit dem Hund einüben. Beim kleinen Kunststück gibt es keinen Erfolgszwang, das Gelingen lässt den Besitzer aber meist über die Leistungen seines Hundes staunen.

Was macht der Hund gerne, für welche Aufgaben ist er geeignet? Der Besitzer kann mit Ihrer Hilfe herausfinden, für welche Beschäftigungen der Hund sich besonders eignet. Dies gilt sowohl für Beschäftigungsaufgaben zu Hause, als auch für Kursaufgaben.

Es ist viel leichter, dem Hund etwas beizubringen, wofür er die Anlagen schon von vornherein mitbringt, als ihn davon zu überzeugen begeistert eine Aufgabe zu absolvieren, die in seinem Repertoire eigentlich nicht so vorgesehen ist. Beispiel: Es ist in der Regel einfacher einem Retriever das Apportieren beizubringen als einem Bernhardiner.

Wenn dem Hund eine Aufgabe Spaß macht und er diese zusammen mit seinem Besitzer meistert, kann er lernen, dass sich eine Zusammenarbeit grundsätzlich lohnt. Eine bessere Beziehung zum Besitzer stellt sich auf diese Weise fast automatisch ein. Es gibt Hunde, deren Mitarbeit man sich richtig erarbeiten und verdienen muss. Erst wenn man gemeinsam etwas für den Hund Sinnvolles tut, gewinnt man seine Achtung und dann auch seine Mitarbeit.

Dass beim Erlernen dieser Beschäftigungsaufgaben mit Lernmethoden gearbeitet wird, die der Hund verstehen kann und bei denen er gerne mitarbeitet, sollte selbstverständlich sein.

Hat der Hund das Grundprinzip begriffen und führt es gerne aus, so kann man fast unmerklich in diese Beschäftigungsaufgaben auch die erforderlichen oder gewünschten Übungen zum Basisgehorsam einfließen lassen.

Achtung Falle: Hat man endlich etwas gefunden, was dem Hund Spaß macht und man gemeinsam tun kann, ist man häufig so froh darüber, dass man die Aufgaben viel zu häufig macht. Der Hund ist dann überfordert oder verliert nach und nach das Interesse.

Deshalb sollte man genau überlegen und diese Übung dosiert einsetzen und aufhören, wenn der Hund eigentlich noch gerne weiter machen würde.

Missverständnisse erkennen und vermeiden

Es gibt immer wieder Situationen beim Üben oder im Alltag, in denen uns die Verweigerung des Hundes wie Ungehorsam vorkommt. Schaut man jedoch genauer hin, so erkennt man, dass der Ungehorsam eigentlich ganz andere Ursachen hat.

Der Hund verweigert, weil

- die geforderte Übung nicht mit dem Hundeknigge übereinstimmt (enges Vorbeigehen am Artgenossen, Herkommen, obwohl Körperhaltung des Hundeführers Unwillen ausdrückt)
- er Signal und Ausführung noch nicht sicher erlernt hat. Dies hemmt die Aktivität mancher Hunde oder verunsichert. Der Hund hat vielleicht überhaupt noch nicht verstanden, was und wie er etwas tun soll.
- er zu abgelenkt ist, sich nicht konzentrieren kann, zu viel Stress hat.
- er mit dem Umfeld nicht klarkommt, sich unwohl fühlt, eingeschüchtert durch andere Teilnehmer oder Hunde ist.

Stur oder resigniert? Wenn der Hund von seinem Besitzer zugedeckt wird mit Anweisungen, Regeln und Verboten, verbunden mit einer „Überkonsequenz" und Strenge, welche kaum durch passende Belohnung und Zuwendung gemildert wird, dann reagiert er einfach nicht mehr, ist abgestumpft und macht nur noch „Dienst nach Vorschrift".

In solchen Fällen ist die Sturheit eher Resignation. Es ist unbedingt nötig, unter Anleitung eines kompetenten Ausbilders eine Änderung des Besitzerverhaltens vorzunehmen und zu schauen, in welchen Punkten der Hundeführer nachgiebiger sein sollte. Der Hundeführer muss lernen, liebevoller oder entspannter mit dem Hund umzugehen und Aufgaben zu finden, die seinem Hund Spaß machen.

Gut gemeint ist nicht gleich Erfolg

Folgendes Beispiel soll aufzeigen, dass beim Hund manches anders ankommt als von uns beabsichtigt. Es kann gleichzeitig dazu dienen, die eigenen Kenntnisse in Bezug auf Lerntechniken, Lernverhalten zu überprüfen bzw. zu überlegen, welche Punkte zudem eine Rolle spielen könnten.

Beispiel: Ein nicht so motivierter Hund soll lernen, freudig bei Fuß zu gehen. Er wird dazu mit Spielzeug oder Leckerchen „motiviert".

Wie könnte der Hund reagieren?	Warum? Mögliche Ursachen für dieses Verhalten	Abhilfe, mögliche Verbesserungen
Hund geht freudig mit.	Er hat verstanden, was er tun soll, das heißt Timing, Besitzerverhalten, Signal usw. waren passend	
Hund springt an Besitzer hoch.	Hund ist so gierig nach dem Spielzeug/Leckerchen, dass er nur noch dieses haben möchte und alles andere nicht wahrnimmt. Hund ist verunsichert, aufgeregt oder überfordert.	Anderes, weniger hochputschendes Leckerchen verwenden, Verändern der Körperhaltung. Aufgabenstellung und Lernschritte überprüfen und dem Hund anpassen.

Wie könnte der Hund reagieren?	Warum? Mögliche Ursachen für dieses Verhalten	Abhilfe, mögliche Verbesserungen
Hund läuft einigermaßen gut mit, solange er das Leckerchen vor der Nase hat, und trottet anschließend wieder mehr oder weniger langsam mit dem Besitzer mit.	Hund nimmt das Leckerchen bzw. Spielzeug wahr und stellt fest, dass es sich lohnt, diesem zu folgen. Er verknüpft jedoch nicht, dass der Schwerpunkt des Besitzers darauf liegt, dass der Hund auf eine bestimmte Art und Weise mitlaufen soll – nämlich dicht am Menschen und freudigen Schrittes. Sobald das Leckerchen wegfällt, gilt für den Hund die Aufgabe nicht mehr.	Hundeführer den Unterschied zwischen Belohnen und Bestechen bewusst machen. Signale und Belohnung müssen zum richtigen Zeitpunkt gegeben werden. Hund muss besser erkennen können, für welches Verhalten er belohnt wird.
Hund läuft anfangs flotten Schrittes mit, um nach kurzer Zeit – trotz „Motivation" durch Leckerchen – wieder etwas langsamer zu werden.	Körperhaltung des Besitzers: Er dreht sich, im Bemühen den Hund zu locken, immer mehr in Richtung Hund, dadurch wird mancher Hund rein optisch gebremst. Zu viel Bemühen des Besitzers könnte der Hund so interpretieren, dass Anstrengungen von seiner Seite her nicht mehr erforderlich ist: Je mehr Hund zurückhängt, umso mehr strengt sich Besitzer an, um Hund doch noch die Übung schmackhaft zu machen. Die Übung war zu lang. Irritation durch Leinenführung oder weil Hundeführer auf einem ganz dichten Nebenhergehen besteht, der Hund aber etwas mehr Distanz benötigt, um sich wohl zu fühlen.	Überprüfen, wie die Körpersprache, das Gehtempo des Besitzers als „Motivationshilfe" eingesetzt werden kann. Kürzer ist oft besser: Anfangs schnell belohnen, wenn nur ein paar Schritte ganz exakt waren. Nicht zu lange laufen lassen, sonst beginnt Hund bereits damit hinterher zu trotten, wird aber dann am Ende trotzdem mit Leckerchen belohnt. Überprüfen, wie das Loslaufen ausschaut. Oft erfolgt hierbei ein Leinenruck – manchmal unbewusst, manchmal als Aufforderung für den Hund. Einige Hunde lassen sich davon schnell verunsichern. Warum sollte ein Hund freudig mitgehen, wenn es ihm zuvor dabei jedesmal unangenehm war? Wohlfühl-Abstand zum Hundeführer prüfen.
Hund interessiert sich überhaupt nicht für das Leckerchen und die Bemühungen seines Besitzers.	Unpassende Motivation Hund-Mensch-Beziehung ist gestört.	Gebratene Leber oder Trockenfisch sind besser als trockener Hundekeks, Fellmaus vielleicht interessanter als ein Ball usw. Umgang mit dem Hund im Alltag überprüfen.

Ein paar Gedanken zum Schluss

Dieses Buch verspricht Ihnen keine schnellen Erfolge über Nacht. Wenn Sie damit arbeiten möchten, stellen Sie sich auf längere Trainingszeiten ein, mehrere Monate, manchmal ein Hundeleben lang. Es wird nicht alles auf Anhieb gelingen, es wird unerwartete Erfolgserlebnisse geben genauso wie „Durststrecken" oder Situationen, in denen der Hundebesitzer (und manchmal auch der Übungsleiter) kurz vor dem Verzweifeln ist.

Auch bei diesem längeren Prozess sollten Sie Ihr Team begleiten. Ermutigen Sie zum Durchhalten, aber zeigen Sie auch deutlich auf, was passieren kann, wenn nicht am Problem gearbeitet wird.

Das Training mit einem problematischen Hund ist mehr als nur Trainingstechniken anwenden, es fordert den ganzen Menschen. Denn es bedeutet auch immer ein Hinterfragen des eigenen Handelns, ein Umdenken und ein Verändern von lieb gewordenen Gewohnheiten. Es fällt manchem Hundebesitzer recht schwer, wenn er an seinen Ansichten, den Ansprüchen an den Hund oder seiner Beziehung zum Hund etwas verändern soll.

Konsequenzen aufzeigen. Manche Hundebesitzer kokettieren mit den Untugenden ihrer Hunde, verniedlichen sie, wollen bestimmte Schwierigkeiten nicht wahr haben oder sind sogar noch stolz darauf. Sie nehmen die Ratschläge des Kursleiters nicht ernst oder finden immer eine Entschuldigung und Ausrede. Hier ist es durchaus sinnvoll, wenn Sie als Übungsleiter sehr sachlich, aber bestimmt aufzeigen und beschreiben, wie sich das Problem weiterentwickeln kann, wenn daran nicht gearbeitet wird.

Anderen Hundeführern ist durchaus bewusst, was sie in welcher Form mit ihrem Hund üben sollten, sie bringen aber vielleicht in Alltagssituationen nicht immer die Energie und Konsequenz dafür auf. Dann kann natürlich auch nicht erwartet werden, dass der Hund auf wundersame Weise plötzlich keine Schwierigkeiten mehr macht. Hier ist es eventuell nötig, das Trainingsprogramm dahingehend zu durchforsten, was unbedingt geübt werden muss oder was derzeit weggelassen werden könnte, damit das Team nicht überfordert ist. Dem Hundeführer muss jedoch bewusst sein, dass er dann mit den „Macken" seines Hundes leben muss und die Probleme nicht dem Hund anlasten darf.

Durchhaltevermögen stärken. Manche Hundeführer sind von den Problemen so enttäuscht und entmutigt, dass sie nur noch halbherzig üben und bei den kleinsten Schwierigkeiten resignieren. Nichts funktioniert mehr, man sieht nur noch die Probleme und oft ist dadurch auch die Beziehung zwischen Hund und Besitzer etwas gestört. Ermuntern Sie den Hundeführer weiterzumachen, auch wenn manches sehr mühsam ist und länger braucht um zu gelingen. Zeigen Sie dem Hundeführer die positiven Seiten der Beziehung zu seinem Hund auf.

Erfolgserlebnisse und neue Motivation erreichen Sie dadurch, dass Sie

- überlegen, was bei Ihrem Problemteam trotzdem immer noch gut funktioniert.
- überlegen, was der Hund bereits gelernt hat, welche (manchmal auch ganz kleine) Fortschritte erkennbar sind.
- bei Veränderungen mit dem anfangen, was aller Wahrscheinlichkeit nach schnell und gut gelingen wird.
- überlegen, welche Übungen dem Hund und dem Hundeführer Spaß machen könnten.

Anregung für den Hundebesitzer: Freuen Sie sich über Teilerfolge Ihres schwierigen Hundes so wie andere über eine Prüfung. Vergleichen Sie ihn nicht ständig mit anderen. Auch Ihr Hund hat gute Eigenschaften. Und er gibt Ihnen die große Chance, dazuzulernen und Ihre persönlichen Fähigkeiten als Hundeführer auszubauen.

Wir wünschen Ihnen für die Arbeit mit Ihren Teams: Begeisterung, Ideen, Gelassenheit, gute Nerven und Ausdauer – auch wenn es nicht immer ganz einfach ist! Und natürlich viel Erfolg!

Service

Zum Weiterlesen

Adam, C., Können Hunde lächeln? Ulmer, 2010
Breuer, U., Schaal, M., Hundeverhalten erkennen und verstehen. Müller Rüschlikon 2006
del Amo, C., Probleme mit dem Hund, 3.A. Ulmer, 2007
del Amo, C., Welpenschule, Ulmer, 2010
del Amo, C., Hundeschule Step by Step. Ulmer, 2007
del Amo, C., Spaßschule für Hunde, 2.A. Ulmer, 2010
del Amo, C., Jones-Baade, R., Mahnke, K., Der Hundeführerschein, 4.A. Ulmer, 2009
Fisher, S., Anti-Stress-Programm für Hunde. Ulmer, 2009
Hause, B., Fieseler, A., Nasenarbeit. Ulmer, 2010
Hesel, L., Apportierspiele für Hunde. Ulmer, 2009
Lehari, G., 400 Hunderassen von A–Z. Ulmer, 2009
Mahnke, K., Grundschule für Hunde. Ulmer, 2008
Nick, O., Das 4-Wochen-Erziehungsprogramm für Hunde. Ulmer, 2010
Ohl, F., Körpersprache des Hundes. Ulmer, 2006
Schaal, M., Daugschieß-Thumm, U., Ideen und Spiele für Hundegruppen. Ulmer, 2011
Schmidt-Röger, H., Das große Ulmer Hundebuch. Ulmer, 2008
Sundance, K., 101 Hundetricks, Ulmer, 2009
Sundance, K., 51 Tricks für junge Hunde. Ulmer, 2010

Adressen

Verband für das Deutsche Hundewesen (VDH)
Westfalendamm 174
44141 Dortmund
www.vdh.de

Schweizerische Kynologische Gesellschaft (SKG)
Brunnmattstrasse 24
CH-3007 Bern
Tel.: +41 (0)31 306 62 62
Fax: +41 (0)31 306 62 60
E-Mail: info@skg.ch
www.certodog.ch

Bundesamt für Veterinärwesen (BVET)
Schwarzenburgstrasse 155
CH-3003 Bern
Tel.: +41 (0)31 323 30 33
Fax: +41 (0)31 323 85 70
E-Mail: info@bevet.admin.ch
www.bvet.admin.ch

Dank der Autorinnen

Für das Entstehen der Fotos war die Mithilfe von Hundebesitzern und ihrer Tiere vonnöten. Da die Motive zum Text des Buches passen sollten, hatten sich Zwei- und Vierbeiner manchmal schlechter zu präsentieren, als sie es eigentlich könnten ... Für ihre engagierte Mitarbeit danken wir insbesondere den Teams des SV OG Bernhausen und Umgebung, der Hundeschule Rommel, Ludwigsburg, dem Tierheim Ludwigsburg und der Retriever-Gruppe Schwäbischer Wald.

Register

Bildquellen

Titelfoto: Tierfotoagentur.de/S. Starick
Peter Jung: S. 11, 75. Dieter Kothe: S. 17, 18 oben, 23, 51, 56 rechts, 58, 60, 65, 67, 69. Regina Kuhn: S. 6, 7, 71. Monika Schaal: S. 3, 38. Wolf-Dieter Sinnecker: S. 31. Iris Steigmüller: S. 28, 70.
Alle anderen Fotos: Iris Bach „Fotografie zur Zeit", Asperg.

Hinweis

Die in diesem Buch enthaltenen Empfehlungen und Angaben sind von den Autorinnen mit größter Sorgfalt zusammengestellt und geprüft worden. Eine Garantie für die Richtigkeit der Angaben kann aber nicht gegeben werden. Autorinnen und Verlag übernehmen keinerlei Haftung für Schäden und Unfälle. Der Leser sollte bei der Anwendung der in diesem Buch enthaltenen Empfehlungen sein persönliches Urteilsvermögen einsetzen.

Bibliografische Information der Deutschen Nationalbibliothek

Die Deutsche Nationalbibliothek verzeichnet diese Publikation in der Deutschen Nationalbibliografie; detaillierte bibliografische Daten sind im Internet über http://dnb.d-nb.de abrufbar.

Hinweis: Der Verlag Eugen Ulmer ist nicht verantwortlich für die Inhalte der im Buch genannten Websites.

Wollgrasweg 41, 70599 Stuttgart (Hohenheim)
E Mail: info@ulmer.de
Internet: www.ulmer.de
Lektorat: Silke Behling
Herstellung: Ulla Stammel
Umschlagentwurf: red.sign, Anette Vogt, Stuttgart
Satz: Sonja Burk, Frankfurt am Main
Druck und Bindung: Firmengruppe APPL, aprinta druck, Wemding
Printed in Germany

ISBN 978-3-8001-5915-4